KB122889

식물, 국가를 선언하다

식물, 국가를 선언하다

식물이 쓴 지구의 생명체를 위한 최초의 권리장전

스테파노 만쿠소 지음　　　　　임희연 옮김 | 신혜우 감수

La
Nazione
Delle
Piante

더숲

프롤로그

1968년 아폴로 8호는 역사상 최초로 인간을 태우고 달 주위를 선회한 궤도선이다. 아폴로 8호에 탑승했던 우주 비행사 윌리엄 앤더스William Anders, 프랭크 보먼Frank Borman, 제임스 로벨James Lovell은 달 위로 떠오르는 지구의 광경에 매료되었다. 그들은 인류 최초로 우리 위성의 숨겨진 뒷면을 직접 관찰하는 행운을 얻었다.

크리스마스이브에 달 궤도를 열 차례 선회 비행하며 달 착륙을 위해 정찰 임무를 수행하던 우주비행사 윌리엄 앤더스는 인류 역사상 영향력 있는 사진으로 회자되는 사진한 컷을 찍었다. 달에서 본 지구의 새벽을 촬영한 것이다. 더러 복사본을 본 사람도 있을 것이다.

이 사진에는 아래쪽이 일부 그림자에 가려진, 달의 지평선 너머로 솟아오르는 지구가 담겨 있다. 지표면 전체에 파란색과 녹색이 흰 구름과 섬세하게 어우러져 있다.

'지구돋이Earthrise'라는 이름이 붙여진 이 사진을 미국항공우주국NASA은 시적이지 않은 공식 이니셜 'AS8-14-2383HR'로 자신들의 목록에 올렸다. 이 사진은 우리에게 장엄한 아름다움과 함께 연약하고 섬세한 행성의 모습을 보여주어 우리가 지구에 대해 지녔던 기존의 생각을 영원히 바꿔놓았다. 비어 있고 어두운 공간이 아닌, 우주에서 다채로운 색을 띤 생명의 섬으로 말이다.

초목이 발하는 녹색, 구름이 만드는 흰색, 물이 연출하는 파란색으로 이루어진 행성. 우리 행성의 상징인 이 세 가지 색은 어떤 이유로든 식물이 없어진다면 존재하지 않을 것이다. 우리가 알고 있는 이 삼색은 지구에 부여된 색이다. 하지만 식물이 없다면 우리 행성은 우리가 알고 있는 메마른 공 모양의 암석인 화성이나 금성의 영상과 아주 비슷하게 보일지 모른다.

그런데도 식물이 살아 있는 모든 종의 대부분을 대표한다는 사실, 말 그대로 지구를 형성하고 인간을 포함한 모든 동물이 식물에 의존한다는 사실을 아는 사람은 극소수에 지나지 않는다. 아니, 거의 모른다고 해야 맞다.

더 큰 문제는 식물이 지구상의 생명체와 우리 개개인의 생존에 얼마나 직접적으로 중요한 존재인지 제대로 이해하지 못한다는 점이다. 우리는 식물을 생명이 충만한 존재로 보기보다 무기계, 즉 생명의 기능이 없는 무기 물질의 세계에 훨씬 더 가깝다고 인식하면서 관점의 근본적인 오류를 범하고 있는데, 이는 엄청난 대가를 치를 수 있다. 인간은 인간의 범주만 알기 때문에 식물 세계에 대한 인식과 식물에 대한 존경심이 부족하다.

이 책에서는 이를 바로잡고자 식물을 한 국가의 일부로 다룬다. 기원, 관습, 역사, 조직, 목적을 공유하는 공동체의 한 일원으로 말이다. 식물국가. 인간국가를 보듯 식물을 보면 놀라운 사실을 알게 된다. (우리 행성인 지구의 색이며 식물의 존재에 따라 달라지는) 녹색, 흰색, 파란색 이 세 가지 색은 식물국가가 지구상에서 가장 개체수가 많고 중요하며 널리 퍼진 국가임을 보여준다(나무만 3조 그루 이상).[1] 지구상에 존재하는 모든 식물로 구성된 이 국가는 다른 모든 살아 있는 유기체가 의존하는 국가다.

초강대국이 지구의 진정한 주인이라고 믿는가? 그게 아니면 우리가 미국, 중국 그리고 유럽연합의 시장에 의존한다고 생각하는가? 글쎄, 그렇게 생각한다면 잘못 아는 것이다. 식물국가는 유일하고 참되며 영원한 힘이 있는 행성이다. 식물 없이는 동물도 존재하지 못한다. 어쩌면 지구상의 생명체 자체가 존재하지 못할 수도 있고, 설령 존재한다 해도 지금과는 다른 양상일지도 모른다.

광합성 덕분에 식물은 지구상에 존재하는 모든 유리 산소[*]와 다른 생물들이 소비하는 모든 화학 에너지를 생산한

---

[*] 생명체가 호흡할 수 있는 산소. 다른 원소와 결합되지 않은 지구 대기의 산소 – 감수자

다. 우리는 식물 덕분에 존재하며 식물국가 안에서만 생존을 이어나갈 수 있다. 이 개념을 늘 분명히 해두는 게 우리에게 큰 도움이 될 것이다.

우리는 마치 우리가 주인인 것처럼 행동하지만 인간은 지구의 주인이 아니라 단지 불쾌하고 성가신 세입자 중 하나일 뿐이다. 호모 사피엔스는 약 30만 년 전 지구에 도착한 순간부터(이것은 38억 년 전으로 거슬러 올라가는 생명체의 역사에 비하면 아무것도 아니다) 생존을 위해 자신들까지 위험에 빠뜨릴 만큼 지구 상태를 급격하게 변화시켰다. 그 어려운 일에 성공한 것이다(!)

나는 이 무모한 행동의 원인이 일부는 타고난 포식성에 있고, 또 다른 일부는 생물 공동체의 규칙을 완전히 잘못 이해했기 때문이라고 생각한다. 겨우 30만 년 전 지구에 다다른 우리는 어린아이들이 물건의 의미와 가치를 모른 채 그것을 가지고 놀다가 엉겁결에 큰 사고를 일으키는 것처럼 행동한다.

나는 이런 상상을 한다. 인간이 독립적으로 성장하고 살아갈 수 없다는 사실을 깨달은 식물이 부모의 마음으로 우리 종의 생존에 필요한 안내서, 즉 식물이 자체적으로 제정한 규칙을 들고 우리를 다시 구해내려 한달음에 달려오는 상상 말이다.

여러분이 손에 들고 있는 이 책에서는 식물들의 생명을 지탱하는 데 꼭 필요한 여덟 개의 기둥에 관해서만 다룬다. 우리 세계의 중개인 역할을 하는 식물이 쓴 헌법을 상상해 보라. 이 책은 이런 유쾌한 발상에서 탄생했다. 식물이 쓴 헌법이자 법학에는 문외한인 사람이 식물을 대신해 쓴 헌법. 법학에 문외한인 나와 반대로 나의 형은 법률 공부를 많이 한 법관이다. 그는 내게 신성한 법조문을 놀이 대상으로 삼으면 안 된다고 경고하며 극구 말렸다. 내가 인간의 헌법에 기반하여 배치한 식물국가를 지탱하는 헌법 조항은 전문가인 형의 충고를 듣지 않았으므로 불가피하게도 정확하지 않다. 이 문제는 그저 법원의 선처를 구할 뿐이다.

식물의 공존을 지배하는 일반적 원칙을 기반으로 만든 이 헌법에서는 모든 생명체가 주체가 된다. 인간은 우주의 중심이 아니라 지구에 거주하면서 생물 공동체를 형성하는 수백만 종 가운데 하나일 뿐이다.

이 책의 주제는 식물 헌법의 주체인 식물 공동체에 관한 것이다. 한 종이나 몇 종의 개체군이 아니라 식물군에 속하는 모든 생명체를 얘기한다. 인간이 아닌 모든 것을 사물로 분리해서 바라보고 인간을 현실 세계의 완전한 존재로 여겨 법률상 중심에 두는 인간 중심주의, 그것에 입각한 우리 헌법과 비교할 때 식물은 우리에게 혁명을 제안한다. 한 단어의 어조나 종결형을 바꾸는 것만으로도 문장 전체의 의미가 완전히 달라지듯이, 식물 단일 종에서 식물 공동체로 주체를 바꾸어 식물의 헌법을 생각해보면 생명체를 지배하는 규칙을 쉽게 이해할 수 있다.

본문에서는 식물국가 헌법 조항들이 이어진다. 이 조항들은 수십 년 동안 여행의 동반자였던 식물들이 내게 직접 제안한 대로 쓴 것이다. 각 조항에서는 이해를 명확히 하는 데 도움이 되는 간략한 설명을 함께 제공했다. 즐거운 책읽기가 되기를 바란다.

감수의 글

미국 동부에 있는 스미소니언 환경연구센터에서 이 책을 읽었습니다. 이곳에는 많은 과학자가 생물학과 생태학 연구를 다양하게 진행하고 있습니다. 저는 연구소 캠퍼스 안에 있는 방문연구자 숙소에서 지내고 있는데 전 세계 과학자가 이 숙소에 머물다 가지요. 그러나 지금은 한겨울이라서 이 큰 건물에 저와 인도네시아에서 온 해양 생물학자 한 명만 있습니다. 둘밖에 없으니 퇴근 후에 자연스레 얘기를 나누며 친해졌습니다. 이야기를 나누다 보니 이 과학자가 눈이 펑펑 쏟아지는 겨울 풍경을 기대하고 있는 걸

알게 되었습니다. 눈이 오지 않는 열대지방인 인도네시아에서 아름답게 눈이 쌓인 연구소 사진을 보고 잔뜩 기대하며 미국으로 온 것이죠. 서울에서 추위와 눈을 견디다가 이곳으로 온 저는 서울보다 따뜻하고 눈도 내리지 않아 내심 좋아하고 있었노라 얘기했고 우리는 서로 다른 속마음을 알고 웃었습니다.

연구소가 위치한 메릴랜드는 한국과 사계절이 비슷하고 겨울에는 꽤 많은 눈이 옵니다. 3년 전 이곳에서 지낼 때도 눈 쌓인 풍경을 종종 볼 수 있었고, 가끔 출근 전에 폭설 경고 알림을 받고 출근하지 않은 날도 있었습니다. 이번 겨울에는 2월이 시작되는 지금까지 메릴랜드에 단 한 번도 눈이 오지 않았다고 합니다. 인도네시아에서 온 과학자는 무척 섭섭해하고 있지요. 이 과학자의 동료 연구자는 어류의 이동을 연구하는데 올겨울 기온이 높아 먼바다에서 물고기가 너무 이른 날짜에 강으로 돌아올 것 같아서 걱정하고 있습니다. 왜냐하면 아직 실험 준비가 되지 않았기 때문이죠. 우리는 눈을 기대하며 온 열대지방 출신의 과학자가 운 나쁘게도 겨울이 다 가도록 한 번도 눈을 보지 못한 상황이 웃겼습니다. 그리고 실험 준비가 되지 않았는데 물고기가 일찍 돌아오고 있어 당황한 과학자의 상황도 우스웠지요. 그러나 그 웃음 뒤엔 다 함께 진지하게 환경파괴와 기후변화를 걱정했습니다.

과학자들은 실제 눈에 보이고 손에 잡히는 이 문제들을 진지하게 걱정하고 있습니다. 연구소의 다양한 과학자들이 자신의 분야에서 지구의 상황이 나빠지고 있음을 증명하고 있지요. 꽃은 일찍 피고, 해양생물은 빨리 돌아오며, 야생생물의 개체수는 줄어들고, 몸속에는 오염물이 쌓이며, 침입종은 세력을 넓히고, 자생종은 멸종하며, 여름에 비가 오지 않고, 겨울에 눈이 오지 않는다고 말입니다. 결국 자신의 분야에서 오랜 모니터링과 실험을 통해 알게 되는 건 얼마나 빠르고, 얼마나 깊이 지구가 오염되었는가입니다. 결과를 보며 허탈한 마음으로 환경을 보전할 방법을 궁리하게 되지요. 그러나 곧 쓸쓸하고 막막해집니다. 그건 소수의 노력으로 이루어질 수 없는 문제이기 때문입니다.

스테파노 만쿠소 교수님이 처음 책을 출판한 후 몇 년의 시간이 흘러 이제 이렇게 한국에 책이 번역되어 소개되었습니다. 감수 과정에서 책에 제시된 수치를 확인하기 위해 참고논문을 살펴보았습니다. 그러면서 이탈리아와 한국의 출판 간격 동안 새롭게 발표된 논문들을 자연스럽게 접할 수 있었습니다. 처음엔 수치가 변한 것 몇 개를 최근 것으로 조정하자고 출판사에 제안할까 했습니다. 그러나 그런 제안 메모를 썼다가 곧 모두 삭제했습니다. 어차피 모든 수치는 다 비슷한 방향으로 흘러가고 있었기 때문입니다. 슬프게도 그 몇 년 동안 환경파괴와 기후변화가 더 악화되었음을 나타내고 있었죠.

순수자연과학을 연구하는 궁극적인 목적이 인간이 자연의 이치를 깨닫는 데 있을까요? 저는 그렇게 생각하지 않습니다. 왜냐하면 논문에는 정확한 근거로 객관적인 내용만 기록되어 있지만, 논문을 다 읽고 나면 논문에는 적혀 있지 않은 매우 강렬한 메시지가 우두커니 남아 있기 때문입니다. 우리 인간이 자연을 존중하고 우리의 미미한 위치를 깨달아야 한다는 것입니다.

평소 식물이 지구의 주인이며 거기에 우리가 얹혀살고 있다고 생각하는 저는 이 책을 읽으며 통쾌함을 느꼈습니다. 식물은 지구 생물량의 80퍼센트를 차지하며 지구 생물 중에서 가장 막강한 세력이지만 언제나 평화롭고 무한정한 사랑을 주는 존재입니다. 우리가 안고 있는 환경문제를 해결하기 위해 과학과 기술로 또 다른 무언가를 개발하기보다는 그저 자연에게, 특히 지구의 주인인 식물에게 맡기면 된다고 생각했는데 그런 믿음을 만쿠소 교수님은 이 책에서 정확한 자료와 수치를 근거로 사실로 만들어 주셨습니다.

이 책은 만쿠소 교수님의 이전 책과 달리 식물학적 내용 외에도 여러 분야를 넘나들고 있습니다. 그것은 현재 우리가 직면한 상황을 조금이라도 더 잘 와닿게 하기 위한 과학자의 고군분투입니다. 만쿠소 교수님은 과학 논문에는 담지 못하는 주관적인 의견과 반성, 환경적 실천을 포기하지 않고 차곡차곡 모아 이 책에 담았다고 생각합니다. 저는 이런 과학자의 노력이 잘 전달되도록 열심히 감수하였습니다. 한글이 아니어서 다소 불편하게 읽히는 단어는 한글 용어가 없는 단어이기에 무리하게 바꾸지 않고 그대로 표기하였습니다. 독자분들께 만쿠소 교수님의 이야기를 정확하게 전달하고자 선택한 것이기에 그 부분은 너그러이 보아주시길 바랍니다.

열렬한 독자로, 뒤따르는 후배 연구자로 만쿠소 교수님의 새로운 책을 또 한 번 감수하고 한국 독자들에게 소개하게 되어 무척 영광입니다. 많은 논문을 출판하여 열정적으로 연구를 수행하고 있는 와중에도 이런 책을 통해 모두와 소통하고 있는 이 과학자에게 존경을 표합니다.

신혜우

차례

식물국가의 권리장전 ─────────

제1조

지구는 생명체의 공동주택으로 모든 생물이 그 주권을 가진다.

제2조

식물국가는 자연 공동체를 구성하는 유기체 간의 관계를 기반으로 한 사회로, 자연 공동체의 불가침권을 인정하고 보장한다.

제3조

식물국가는 중앙통제센터와 그곳에 기능이 집중된 동물의 위계 조직을 인정하지 않으며, 광범위하고 분산된 식물 민주주의를 선호한다.

제4조

식물국가는 현세대 생물의 권리와 다음 세대 생물의 권리를 보편적으로 존중한다.

제5조

식물국가는 깨끗한 물, 토양 그리고 대기권을 보장한다.

제6조

생명체의 미래 세대를 위해 대체 불가능한 자원 소비는 금지한다.

제7조

식물국가에는 국경이 없다. 모든 생명체는 자유롭게 통과하고 이동하며 어떠한 제한 없이 그곳에서 살 수 있다.

제8조

식물국가는 공존과 성장의 도구로 생물의 자연 공동체 간 상호부조를 인정하고 지지한다.

제1조

지구는 생명체의 공동주택으로
모든 생물이 그 주권을 가진다

표면적 5억 1,000만 제곱킬로미터, 부피 약 1조 1,000억 세제곱킬로미터, 질량 5.97×10^{24}킬로그램인 지구, 우리가 사는 공동주택의 크기다. 얼핏 생각하면 엄청나게 커 보일 수 있지만 그렇지 않다. 지구보다 부피가 130만 배 이상 큰 태양이나 우리와 가까운 다른 천체들의 크기와 비교할 때 지구는 실제로 작은 행성이다.

그러나 지구는 특별한 자질을 갖추고 있다. 지금까지 알려진 바로는 지구는 사실상 우주에서 생명체가 성장할 수 있는 유일한 행성이다. 특히 생명체가 번성할 수 있다고 여겨지는 유일한 장소다. 우리 행성을 특별하게 만드는 것은 면적이 아닌 생명인 것이다.

지구가 유일하다는 점, 지구 외에 생명체를 수용할 수 있는 믿을 만한 대안이 부족하다는 사실은 지구를 생명유지가 가능한 유일한 주택에 걸맞게 보살피고 보호해야 하는 자산으로 봐야 한다는 것을 의미한다. 물론 화성 또는 그외 개연성이 낮은 천체들의 '테라포밍terraforming(지구가 아닌 다른 행성이나 위성 및 천체를 지구의 환경과 비슷하게 바꾸어 인간이 살아갈 수 있게 꾸미는 일-옮긴이)'의 가능성에 대해 종종 듣고 있지만 말이다. 게다가 지구라는 주택은 매우 취약하다. 이 주택은 해수면을 기준으로 대략 해수면 아래 1만 미터에서부터 해수면 위, 즉 해발 1만 미터까지의 표면층으로 제한된다. 우주에서 유일하게 생명체가 존재한다고 알려져 있는 범위가 (미터를 킬로미터로 계산하면) 총 20킬로미터라는 뜻이다.

많은 사람은 우주가 생명체로 가득 차 있다고 확신한다. 그들의 진지한 예측에 따르면, 러시아워 때의 도쿄 지하철보다 우주가 더 붐빈다고 한다. 과연 그럴까? 나는 그 말에 동의하기 어렵다.

외계 생명체를 향한 집착은 현재까지 명확한 증거를 제시하지 못하고 있지만, 이탈리아의 물리학자 페르미Enrico Fermi(1901~1954)가 외계 생명체의 존재 여부를 두고 물었던 유명한 질문 '모두 어디에 있는가?'는 그 어느 때보다 더 활발하게 논의되고 있다. 생명체가 이미 존재하거나, 쉽게 정착할 수 있는 지구와 유사한 행성들에 대한 끊임없는 논의는 일종의 보험과 같다. 비록 지구상의 자원이 고갈되더라도 우리 미래는 어떻게든 어딘가에서 계속 이어갈 수 있을 거라는, 우리가 만들어내는 재난들에 대한 보험 말이다.

지구 밖에 생명체가 존재했다는 증거는 하나도 없지만 그 문제에 관심 있는 사람의 얘기를 들어보자. 그 사람은 먼저 우주에 있는 은하 수백억 개에서 계산을 시작할 것이다.[*] 그런 다음 거주가 가능한 행성 숫자에서 생명을 유지

---

[*] 우주의 은하는 2021년 NASA 데이터로 현재 2,000억 개로 추정 – 감수자

할 수 있는 온도가 아닌 행성들, 너무 어린 행성들, 너무 늙은 행성들, 불쾌감을 주는 행성들 등은 제외할 것이다. 그러고는 결국 단순한 생명체에게 거처를 제공하는 행성들이 아니라 적어도 우리만큼 지적이고 진보된 문명에 속하는 행성들의 숫자가 아주 많다는 걸 우리에게 보여줄 것이다. 추론이 어떻게 작동하는지 이해하게 해주는 이 모든 방정식의 기원은 1960년대 천문학자 프랭크 드레이크Frank Drake가 공식화한 유명한 방정식이다. '드레이크 방정식'이라 불리는 이 유명한 식은 $N = R^* \times fp \times ne \times fl \times fi \times fc \times L$로 표기된다.

이 방정식에 따르면, 우리 은하 내 교신이 가능한 지적 외계 생명체 문명의 수(N)는 우리 은하 내에서 1년 동안 탄생하는 항성의 수(R^*), 위의 항성들이 행성을 가지고 있을 확률(fp), 항성에 속한 행성들 중에 생명체가 살 수 있는 행성의 수(ne), 위의 조건을 만족한 행성에서 생명체가 발생할 확률(fl), 발생한 생명체가 지적 문명으로 진화할 확률(fi), 발생한 지적 문명이 탐지 가능한 신호를 보낼 수 있을 정도로 발전할 확률(fc), 마지막으로 위의 조건을 만족한 지적 문명이 존재할 수 있는 시간(L)을 곱하여 계산해낼 수 있다. 이로써 다양한 매개 변수에 따른 결괏값에 따라 지적인 외계 생명체로 가득한 은하를 얻거나 반대로 그들이 존재할 확률이 0에 가까울 수 있다는 사실이 분명해졌다.[1]

계산은 이만하겠다. 최근 수십 년 동안 우주에 대한 지식이 기하급수적으로 늘어났다. 그럼에도 생명체가 존재한다는 어떤 증거도 없다. 2015년 여름, NASA의 우주탐사선 '뉴호라이즌스New Horizons'가 태양계 행성 중 태양에서 가장 멀리 떨어진 행성인 명왕성[2]에서 불과 1만 2,500킬로미터밖에 떨어지지 않은 지점을 통과했다.* 이때 뉴호라이즌스호는 명왕성 궤도를 길게 선회하며 탐사한 결과물로 우리의 먼 친척 행성에 대한 직접적 정보와 근접 사진들을 최초로 보내왔다.

---

* 명왕성 퇴출에 대해 저자는 참고문헌에서 자신의 의견을 밝히고 있다. – 편집자

한 탐사선*은 67P/추류모프-게라시멘코Churyumov-Gerasimenko 혜성에 착륙했다. 탐사선 주노Juno는 목성 주위를 도는 궤도에 진입했다. 이동형 탐사 로봇인 오퍼튜니티 로버Opportunity rover와 큐리오시티 로버Curiosity rover가 10년 이상 우리에게 화성의 토양 조성에 대한 자료를 전송해왔는데, 2018년에는 화성의 심토를 연구할 무인 탐사선 인사이트InSight와 합류했다.**

내게는 태양계 곳곳의 구성 요소들에 대한 이 흥미진진한 탐사 결과가 항상 지구의 것보다 훨씬 단순해 보인다. 지구의 복잡성은 생명체 때문에 생겼다. 지구를 주제로 한 음모나 묵시적인 공상 과학 이야기가 아닌 이상, 생명체가 존재하는 지구를 불모지로 상상하는 것은 불가능한 일이다. 생명체가 없다면 지구는 금성과 화성의 중간에 있는

---

* 탐사선 로제타호는 탐사로봇 필레를 목적지인 67P/추류모프-게라시멘코 혜성의 착륙지점에 정확히 내려놓았다. – 감수자
** 오퍼튜니티 로버는 2004년부터 지구 시간으로 15년간 화성 표면을 탐사한 후 2019년 2월 13일에, 인사이트는 2022년 12월 21일에 화성 탐사 임무를 종료했다. – 감수자

식물, 국가를 선언하다

그저 그런 행성으로 보일지도 모른다.

그럼 지구는 항상 파란색일까? 아닐 것 같다. 또한 녹색은 확실히 아닐 것이다. 유리 산소가 완전히 없어지면 지구에 어떤 일이 벌어질까? 우리가 호흡하는 산소는 전적으로 살아 있는 존재들이 만들어낸다. 정확히 말하면 광합성이 가능한 생물들이 말이다. 산소 부족은 지구의 토양, 암석, 물에 어떤 영향을 미칠까? 아무도 이 질문에 답할 수 없을 것이다.

우리가 지구상에서 보는 많은 것들은 유기체가 활동한 결과물이다. 강, 해안, 산과 같은 것들은 생명체의 활동으로 설계되었다. 도버 해협의 영국 쪽 하얀 절벽과 유럽 대륙의 많은 해안 절벽들은 무수한 코코리소포어 coccolithophore(탄산칼슘 껍질로 덮인 단세포 식물성 플랑크톤)의 겉껍데기 성분이 쌓여 형성되었다. 석회화가 전부 코코리소포어의 영향으로만 이루어진 것은 아니다. 퇴적암 속 황철석과 백철석은 황산염 환원 세균의 감소에서도 비롯된다. 요컨대 우리 행성을 가이아Gaia(그리스 신화에 등장하는 대지의

여신, 지구의 생물을 어머니처럼 보살펴주는 자비로운 신-옮긴이)라고 하며 단일 생명체로 여기는 것은 과거에 많은 사람이 인식한 것과 같이 결코 순진한 이론이 아니라 지구에서 생명체의 중요성과 역할을 해석하는 매우 진지한 방법이다.

2013년 밥 홈스Bob Holmes는 확실한 과학적 지식을 바탕으로 과학잡지《뉴 사이언티스트NewScientist》[3]에 생명체가 멸종할 경우 지구의 미래에 발생가능한 시나리오를 발표했다. 식물과 기타 광합성 유기체가 없으면 산소는 빠르게 없어져 대기에는 이산화 탄소가 쌓일 것이다. 온도가 오르면서 극지방의 만년설이 녹을 것이다. 토양입자의 일차적 배열 상태가 약해져 흙이 바다로 쏟아짐으로써, 탐사선들이 우리에게 전송하는 화성 표면의 사진과 매우 유사한 바위와 모래 표면만 남을 것이다. 홈스는 수천만 년 정도 지나면 지구는 영구적으로 거주 불가능하게 된 금성과 비슷한, 극한 조건에서 통제 불능의 온실효과를 겪는 행성이 될 것이라는 가설을 세웠다.

그렇다면 페르미의 질문으로 돌아가보자. '모두 어디에

있는가?' 추측건대 우주에서 생명체가 흔한 존재일 거라고 생각하는 것은 우리 행성을 과소평가한 결과다. 기본적으로 우리가 멋진 행성을 가지고 있고, 그 안에서 살기 때문에 어느 행성이나 다 그러할 것이라고 생각할 뿐이다.

필터 버블Filter Bubble 이론을 아는가(이용자의 관심사에 맞춰 필터링된 인터넷 정보로 인해 편향된 정보에 갇히는 현상 – 옮긴이)? 트럼프가 선거에서 승리한 이후 우리 모두 그 말 외에는 아무 말도 하지 않았다. 트럼프가 미국 대통령이 되었다는 소식에 깜짝 놀랐는가? 그것은 당신이 현실을 똑바로 인식하지 못하게 하는 거품 속에서 산다는 것을 의미한다.

필터 버블은 엘리 프레이저Eli Pariser가 처음 사용한 용어다. 이 버블 이론은 2011년 그의 저서《필터 버블: 인터넷이 당신에게 숨기고 있는 것The Filter Bubble: What the Internet Is Hiding from You》*에서 처음 공식화되었다. 프레이저의 주장에 따르면, 우리 의견이 인터넷상에서 형성되고 나면 우

* 국내에서는 《생각 조종자들》이라는 제목으로 출간되었다. – 편집자

리는 자신의 문화적 또는 이념적 세계(우리의 버블)에 갇혀 우리 관점에 동의하지 않는 정보에서 격리될 위험이 있다는 것이다. 과거 검색 이력, 연락처, 방문한 주소 등에서 얻은 정보를 이용해 많은 주요 인터넷 사이트를 관리하는 인공지능은 우리가 좋아하거나 관심을 가질 거라고 생각하는 정보만 우리에게 제공한다. 그 과정에서 세상을 보는 관점과 거리를 두게 되고 새로운 아이디어로부터 사실상 격리됨으로써, 현실에 대한 우리의 인식은 변화하게 된다.

나는 타당한 이 이론이 인터넷에만 국한되지 않는다고 생각한다. 인터넷상이든 아니든 우리는 모두 자신과 화합할 수 있는 취향과 태도를 보이고 같은 생각을 하는 사람들과 어울리면서 각자 자신의 버블 속에서 산다. 우리는 버블 속에 갇혀 살면서 우리가 정상이라고 인식하며 자신이 공유하는 것이 전체 현실을 대표한다고 믿는다. 하지만 그렇게 믿는 것이 사실이 아니라는 것을 트럼프 사례에서 알게 되었다.

이제 버블이 무엇인지 알았으니 그 의미를 전 인류 공동체로 확장해보자. 우리는 모두 생명체의 버블 속에서 산다. 인간은 살아 있고, 식물도 살아 있으며, 곤충·물고기·새·미생물도 살아 있다. 지구에 생명체가 없는 곳은 없다. 우리의 버블은 생명체에 너무 몰두한 나머지 이것이 우주의 일반적이고 정상적인 상태라고 믿는 것이다. 우리는 자신이 운이 좋은 유일한 지구 관리인이라고는 상상해보지 않았을 것이다. 우리는 수지맞은 막대한 거물 상속인들이 만들어놓은 버블 속에 있을 수 있다. 그것은 우주의 생명체가 만들어놓은 단 하나의 버블, 유일한 버블이다.

　나도 안다. 불가능한 얘기라고 여기리라는 걸 말이다. 나의 말이 마치 우리가 은하계 복권 1등에 당첨되어 일확천금을 받게 되었다는 말과 마찬가지로 들릴 것이다. 상식적으로 아무도 믿지 않을지 모른다. 사람들이 왜 브리오슈를 먹지 않는지 그 이유를 이해하지 못한 마리 앙투아네트처럼(프랑스 왕 루이 16세의 왕비로, 프랑스혁명 때 "빵을 달라"는 시위대에게 "빵이 없으면 케이크(프랑스어 '브리오슈')를 먹으면 되잖아"라고 한 일화는 유명하다 - 옮긴이). 목숨으로 대가를 치를 수 있는 인식의 오류다.

우리는 우리가 관리하는 이 엄청난 재산이 누구 소유인지 알고 명확히 해둘 필요가 있다. 이 공동주택의 책임자는 누구일까? 지구의 주권은 누구 것일까? 가장 확실한 대답은 지구가 인간의 것이라는 사실이다. 바꾸어 말하면 호모 사피엔스는 자신의 필요에 따라 지구를 소유하고 자유로이 사용할 자격이 있는 유일한 종이라는 뜻이다. 이러한 주장은 너무 진부해서 이를 뒷받침하는 근거를 따로 제시할 필요가 없을지도 모른다.

다른 종들의 운명이 우리의 행동을 제한한 적이 있었던가? 우리는 항상 우리가 지구의 제왕이라고 규정한다. 진보주의자들은 이러한 생각에 판단을 보류하라고 주장할지 모르지만, 그럼에도 이는 여전히 우리 내면에서 우러나오는 강한 신념이다. 자, 한번 살펴보자.

지구는 우리 것이다. 우리는 지구 표면적을 국가들로 나누어 여러 인간 집단에게 주권을 할당했는데, 그 인간 집단은 다시 극소수에게 주권을 맡겼다. 따라서 그들이야말로 지구의 실질적 주권자다.

우주에서 유일하게 생명체가 존재하는 행성, 그곳의 주권을 책임지는 사람들은 소수다. 이 사실에 대해 여러분은 어느 정도까지 부조리하다고 느낄지 모르겠지만, 나에게 이 문제는 가끔 생각만 해도 머리가 핑핑 돌아서 마치 논리가 우리 방식대로 작동하지 않는 무한한 평행 우주 중한 곳에 내가 있는 것처럼 느껴진다. 《이상한 나라의 앨리스》보다 매력은 좀 덜하지만 말도 안 되는 규칙의 지배를 받는 우주 말이다.

먼저, 우리를 행성의 제왕으로 만드는 이 권한은 어디에서 비롯되었을까? 생득권일까, 아니면 신권일까? 혹은 훌륭한 수호자로서 우리가 지적 능력이 부족한 다른 종들의 부족함을 보완해야 한다는 명백한 우월함에서 나온 것일까? 아니면 단순히 건강한 민주주의에서 논의된 다수결에 따른 것일까?

논리적 검증이 불가능한 생득권과 신권을 논외로 하면 기본적인 두 가지 가능성이 남는다. 첫째, 우리는 숫자가 가장 많은 종이기 때문에 지구의 제왕이다. 우리는 이를 민주주의적 선택이라고 한다. 둘째, 우리는 지구상에 살아 있는 다른 어떤 종보다 우월하기 때문에 지구의 제왕이다. 우리는 이를 귀족주의적 선택(생득권과 신권을 그리워하는 사람들은 자기 만족을 위해 생득권과 신권을 여기에 포함하려 할 것이다)이라고 한다.

민주주의적 선택부터 살펴보자. 여러분은 민주주의적 선택이 상식적으로 답이 될 수 없음을 이미 알 거라고 확신하지만 말이다. 표본이 75억 개가 넘는 인간은 지구 전체 바이오매스biomass량(단위 면적당 생물체량)의 1만분의 1에 해당한다.

탄소 함량을 기준으로 측정한 지구에 존재하는 바이오매스 550기가톤(1기가톤은 10억 톤과 같다) 중[4] 동물은 약 2기가톤을 형성하는데 그중 절지동물은 전체의 절반인 약 1기가톤을, 어류는 0.7기가톤을 차지한다. 나머지 0.3기가톤은 포유류, 조류, 연체동물 등이 차지한다. 균류는 단독으로도 바이오매스가 동물보다 6배나 많다(12기가톤). 인간은

0.06기가톤으로 지구 바이오매스의 약 0.01퍼센트를 차지하는 반면, 식물은 80퍼센트 이상을 차지한다(450기가톤). 이로써 우리가 지구에 주권을 행사하는 것이 인구수 때문이 아니라는 사실이 분명해졌다. 숫자로 따지면 지구의 주권은 식물의 것이어야 한다.

민주주의적 선택은 명백한 모순이므로 제외하고 이제 귀족주의적 선택을 살펴보자. 이탈리아어로 '귀족주의의'를 뜻하는 아리스토크라티카aristocratica는 그리스어로 '우월하다ἄριστος, àristos'와 '힘κράτος, cràtos'이 합쳐진 단어로, 인간은 지금까지 존재했던 어떠한 종보다 우월하기 때문에 지구의 제왕이라는 것이다. 나는 귀족주의적 선택이 훨씬 더 설득력 있고 견고해 보인다.

우리가 다른 어떤 생명체보다 우월하지 않다고 진심으로 확신하는 사람이 있을까? 농담으로 꺼낸 질문이 아니다. 환경운동가, 히피족, 녹색당(원), 신비주의자, 유물론자, 수도사, 무신론자, 무정부주의자 또는 현실주의자 등 누구에게 묻더라도 우리가 원숭이, 젖소, 살구나무, 양치류, 박테리아 그리고 곰팡이보다 우월하다는 이 한 가지 사실에는 모두 동의할 것이다. 입증할 필요가 없을 정도로 이 주장은 너무 뻔해 보인다. 우리의 큰 두뇌가 다른 종들은 할 수 없는 일들을 가능하게 해주기 때문에 우월하다는 것이다. 우리의 강력한 두뇌 덕분에 어쩌면 시스티나 성당에 세계 최대 벽화를 그렸고, 밀로의 비너스를 조각했으며, 상대성이론을 고안하고, 《신곡Divina Commedia》을 쓰고, 피라미드를 만들었을 뿐 아니라 우리의 존재를 추론하게 된 것은 아닐까? 어떤 생명체가 이 같은 일을 할 수 있을까? 그러니 어떤 종이 행성의 주권이 누구 것인지 궁금해하겠는가? 인간은 그 어떤 살아 있는 유기체보다 우월하다! 이는 의심할 여지가 없다.

우리가 행성의 주권을 소유하게 된 것은 이러한 절대적인 우월함 덕분이다. 하지만 설령 그렇다 하더라도 우리의 독창성이 이루어낸 찬란함에서 벗어나 잠시 시선을 다른 데로 돌려보자.

인간이 놀라운 업적으로 더는 감명을 주지 못할 때, 우리가 우월한 존재라는 것이 정확히 무엇을 의미하는지 추론해보자. '우월하다'는 개념은 반드시 목표가 있어야 한다. 100미터 달리기에서 결승점을 통과하는 데 10초가 걸리는 사람은 11초에 들어온 사람보다 우월하다. 높이뛰기 대회에서는 2미터를 점프하는 사람은 1미터 90센티미터를 점프하는 사람보다 우월하다. 테니스의 황제 로저 페더러가 그 어떤 테니스 선수보다 우월하다는 것은 의심할 여지가 없다. 도스토옙스키는 거의 모든 작가보다 우월하다.

그런데 생명체 진화의 역사에서 '우월하다'는 개념이 의미가 있을까? 다시 말해 생명체의 목표는 무엇일까? 그들에게 이 질문을 던진다면 아무리 머리를 쥐어짜도 명확하게 답하기 어려운 실존적 질문이라고 생각할 것 같다. 그런데 질문에 대한 답은 간단하다. 생명체의 목표는 종의 생존이다. 다윈은 진화가 생존에 가장 적합한 보상이라고 말했다. 따라서 우월한 유기체가 생존하기에 가장 적합하다.

출발이 좋다. 우리는 멋지게 일보 전진한 것이다. 이제

목표가 무엇인지 알았으니 우리의 잠재적 우월성을 보여주기만 하면 된다. 누구든 두뇌가 발달한 사람이 생존경쟁에서 확실히 유리할 거라고 믿을 것이다. 하지만 정말 그러할까? 우리가 우리 자신의 우월성을 100퍼센트 확신하는 이유는 무엇일까? 혹시 앞서 살펴본 필터 버블과 유사한 많은 인지적 왜곡 따위에 빠져 있는 것은 아닐까? 더닝 크루거 효과Dunning-Kruger Effect[5]라는 인지 편향 오류가 있는데, 이는 어떤 분야에 대한 지식이 얕은 사람일수록 그 분야에서의 자기 능력을 과대평가하는 것을 말한다(코넬대학교 사회심리학 교수인 데이비드 더닝David Dunning과 대학원생 저스틴 크루거Justin Kruger가 코넬대학교 학부생들을 대상으로 실험한 결과를 토대로 제안된 이론-옮긴이).

맙소사! 더닝과 크루거 이전에는 아무도 알아채지 못했다니. 이미 수천 년 전 소크라테스가 "나는 내가 아무것도 모른다는 것을 안다"라고 말했는데도 말이다(소크라테스는 "나는 다른 사람보다 절대로 뛰어나지 않다. 하지만 내가 다른 사람보다 뛰어난 점이 있다면 나는 내가 모른다는 사실을 안다는 것이다"라고 말

했다. 이는 더닝과 크루거의 연구 결과와 맥을 같이함-옮긴이). 더닝

크루거 효과를 염두에 두어 나쁠 것은 없다. 더닝 크루거

효과에 빠질 위험을 무릅쓰면서 자신의 우월함을 내세우

는 것보다 오히려 객관적인 데이터에 의존하는 편이 항상

더 낫다.

우리는 생명체의 목표가 생존이고 다른 종보다 우월한

종이 이 목표를 더 잘 달성한다고 앞서 언급한 바 있다. 자,

이제 문제가 명확해졌다. 하나의 종이 지구상에서 얼마나

오래 살아남는지 알고 이를 인간과 비교하면서 우월한 종

의 순위를 매길 수 있으면 충분하다.

종의 평균수명에 관한 신뢰할 만한 자료를 얻기는 쉽지

않다.[6] 평균적으로 식물이 동물보다 훨씬 오래 생존하므로

식물계와 관련된 자료를 얻기가 더 복잡하다.

은행나무 *Ginkgo biloba*는 아마도 2억 5,000만 년 전부터

살아왔을 테고, 양치식물 분류군 가운데 하나인 속새류는

이미 3억 5,000만 년 전에 널리 퍼져 있었다. 고사릿과 여

러해살이풀인 꿩고비 *Osmunda cinnamomea*는 7,000만 년 전

화석에서 발견되었다. 일반적으로 동물이든 식물이든 상관없이 한 종의 평균수명은 500만 년으로 추정된다.

동식물의 평균수명과 비교하여 인간이 하나의 종으로 얼마나 오래 생존할지 자문해보자. 분명한 것은 여기에 있는 자료들은 별 도움이 되지 않는다는 사실이다. 하지만 인간이 우월하다고 뼛속까지 느끼는 사람들에게 인간이 앞으로 10만 년 더 생존할 것 같냐고 물어본다면, 확신컨대 그 대답은 그리 낙관적이지 않을 것이다. 왜 그럴까?

다른 살아 있는 종은 평균 470만 년 이상 생존하리라고 기대하는 게 타당하다고 생각하면서, 우리 종은 앞으로 10만 년도 더 생존할 가능성이 없다고 인식하는 이유는 무엇일까? 그 이유는 1만 년 전 농업을 시작한 인간이 생활환경에 막대한 영향을 미침으로써 지구에 닥친 재난 때문이라고 생각한다. 우리가 그토록 자랑스러워하는 뇌는《신곡》 같은 위대한 작품 외에도 인간을 언제든지 지구에서 소탕해버릴 무수한 위험들을 만들어낼 수 있다는 것을 잘 알기에, 우리는 인간이 하나의 종으로 오랫동안 생존하리라고 믿지 않는다.

따라서 앞서 언급한 바 있는 원숭이, 젖소, 살구나무, 양치류, 박테리아와 곰팡이는 종말론적 재앙에 맞닥뜨렸을 때만 멸종할 것이다. 지구에서 일어났던 멸종을 바탕으로 그 빈도를 살펴보면, 동식물은 수백만 년으로 측정되는 반면 인간은 언제든 사라질 위험에 놓인 것으로 측정된다.

만약 우리가 내일, 1,000년 후, 10만 년 후, 그리고 또 다른 10만 년 후에 사라진다면 시스티나 성당, 밀로의 비너스, 상대성 이론, 《신곡》, 피라미드 그리고 우리의 모든 추론들이 그대로 남아 있을까? 전혀 그렇지 않을 것이다. 누가 이러한 경이로움에 관심이나 있겠는가?

큰 두뇌가 이점이 아니라 오히려 진화론적 약점임이 드러나면서 조기에 멸종될 수 있는 이 오만한 개체의 멸종을 막으려고, 인간국가보다 수억 년 전에 태어난 매우 현명한 식물국가가 지구상 모든 생물에게 주권을 부여한 것이다.

제2조

식물국가는 자연 공동체를 구성하는
유기체 간의 관계를 기반으로 한 사회로,
자연 공동체의 불가침권을
인정하고 보장한다

이 책을 읽는 많은 박식한 독자들이 찰스 다윈의《종의 기원The Origin of Species》에 대해 정확히 알 것이라고 나는 확신한다. 하지만 혹여나 모르는 독자들이 있을 수도 있다는 전제하에 지식의 틈을 메우고자 본론으로 바로 들어가고자 한다.

《종의 기원》은 생명체가 어떻게 작용하는지 이해하는 데 필요한 기본서다. 그런데 세계의 역사를 바꾼 이 책이 원래는 다윈이 생물 종의 진화론을 뒷받침하고자 과학 분야와 국가를 불문하고 수십 년 동안 수집한 여러 관찰을 요약한 것뿐이라는 사실에 놀라울 따름이다.

다윈의 계획은 수십 년에 걸쳐 자신이 연구한 결과들을 매우 상세하게 기록하여 일대 거작을 완성하는 것이었다. 그 어떤 비난의 화살도 맞지 않을 정도로 완벽한 작품을 말이다.

하지만 알려진 바와 같이 예기치 않은 상황에 부딪혔다. 다윈은 박물학자 앨프리드 러셀 월리스Alfred Russel Wallace 가 보내온 편지에서, 그가 발표하고자 하는 논문이 생물 진화론에 관한 자기 생각과 같다는 사실을 알게 된다. 다윈은 계획을 수정하여 집필을 중단하고 그중에서 가장 뛰어난 추론과 이를 잘 뒷받침해줄 만한 증거들을 요약해서 월리스와 공동으로 논문을 발표한 뒤 이를 보완하여《종의 기원》초판을 서둘러 출간하기로 한다.

집필 계획에 차질이 생기긴 했지만, 작업하던 거대한 자료, 즉 코퍼스는 유실된 것이 아니었다. 오히려 단순히 자연 선택이라고 명명하려고 했던 그의 위대한 작업의 1장과 2장은《가축과 재배식물의 변이The Variation of Animals and

Plants under Domestication》라는 두 권의 책으로 엮이게 되었고, 나머지 자료는 대부분 이후 작품에서 정교하게 재배치되었다.

어찌 됐건《종의 기원》세 번째 장에서 다윈은 작품 전체를 지배하는 모티브인 그 유명한 '생존 경쟁Struggle for existence'을 다루면서 우리에게 관계에 대한 놀라운 이야기를 들려준다. 이는 생물들 간에 어떤 연결 고리가 있는지 그리고 우리가 그 같은 관계에 개입할 때 결과 예측이 얼마나 어려운지를 이해하는 데 도움이 된다.

다윈은 다음과 같이 기술한다. 고양이와 땅벌처럼 자연계에서 서로 동떨어진 동물들이 복잡한 관계의 그물을 매개로 어떻게 서로 연결되어 있는지 아는가? 얼핏 이 동물들은 서로 연결 관계가 없는 것처럼 보이지만, 어쩌면 이와 반대로 복잡하게 얽힌 아주 가까운 관계, 상상조차 할 수 없을 정도로 대단히 깊은 관계일지도 모른다.

다윈은 들쥐가, 애벌레를 먹고 둥지를 파괴하는 땅벌의 주요 천적 중 하나라고 추론한다. 게다가 쥐는 모두 알다시피 고양이가 가장 좋아하는 먹잇감이다. 고양이가 많은 마을 근처에는 쥐가 적고 결과적으로 땅벌이 더 많다. 무슨 말인지 이해되는가?

그렇다고 믿고 다음 단계로 넘어가 보자. 꿀벌은 많은 식물 종의 주요 수분 매개체로, 수분이 더 많아지고 더 좋아질수록 식물의 씨앗 수가 최대로 생산된다고 알려져 있다. 또 잘 알려진 바와 같이 수많은 조류 개체군의 주요 영양분이 되는 곤충의 존재 여부는 씨앗의 수와 질에 따라 달라진다.

한 집단의 생명체를 다른 집단의 생명체와 연결짓는 이야기는 몇 시간이고 계속할 수 있다. 박테리아, 곰팡이, 곤충, 물고기, 연체동물, 포유동물, 종려나무, 새, 곡식, 파충류, 난초는 동화 속 등장인물들처럼 서로 연결되어 생을 마감할 때까지 서로에게 끊임없는 일들이 생길 것이다.

다윈이 이야기하는 생태학적 관계가 우리의 관심을 끄는 이유는 생각했던 것보다 복잡하고 이해하기 어려운 유대의 세계에 대해 말하기 때문이다. 너무 복잡하게 얽힌 이러한 관계가 사실은 모두 하나의 생명체 관계망으로 연결된 것이다.

독일 생물학자 에른스트 헤켈Ernst Haeckel과 카를 포크트 Carl Vogt가 다윈이 명시한 관계를 바탕으로 최초로 발표한 학설은 유명하다. 그 이야기에 따르면 영국의 운명은 고양이에게 달려 있다는 것이다. 고양이가 생쥐를 잡아먹음으로써 땅벌의 생존 가능성은 높아진다. 땅벌은 토끼풀을 수분시키고, 토끼풀은 소들의 먹이가 되며, 소들은 영국 해군의 식량이 되어 결국 고양이는 대영제국의 실질적 힘을 대표하는 영국 해군이 전력을 다할 수 있도록 돕게 된다.

영국 생물학자 토머스 헉슬리Thomas Huxley는 농담 반 진담 반으로 고양이 자체가 아니라 고양이를 향한 대영제국 여자들의 끈질긴 사랑이 제국의 진정한 힘이라고 덧붙였다. 그러나 그 농담 뒤에는 살아 있는 모든 종은 명백한 관계 또는 숨겨진 관계로 어떤 식으로든 서로 연결되어 있고, 환경이 변해 직접적으로 또는 대수롭지 않게 종에 영향을 주는 것도 전혀 예상치 못한 결과를 초래할 수 있다는 단순한 진실이 숨겨져 있다.

어떠한 관계의 변화에 따른 최종 결과를 예상해보는 것은 "바람이 부는 날에 톱밥이나 깃털 한 줌을 공중에 뿌리고 모든 입자가 어디로 떨어질지 예측해보는 것만큼이나 절망적일지도 모른다"라고 다윈은 기술한다.[1] 역사는 단일 종의 존재 또는 활동을 변화시키려는 시도로 가득 차 있지만 그 시도들은 거의 항상 안 좋게 끝났다. 붉은색에 관한 사업을 예로 들어보자.

1519년 아즈테카 왕국을 정복한 에르난 코르테스Hernán Cortés와 그의 정복자들이 처음으로 수도 테노치티틀란(현재 멕시코시티)에 들어갔을 때, 그들은 인구가 많고(유럽에서는 나폴리, 파리, 콘스탄티노플에만 더 많은 인구가 있었다) 부유한 도시를 발견했다. 거대한 시장 광장에는 이전에 본 적이 없는 물건들이 쌓여 있었고, 그중 상당수는 진귀한 상품으로 유럽 시장으로 운송되기만을 기다리고 있었다. 거기에는 질 좋은 목화 꾸러미와 세상을 놀라게 할 만한 양홍색의 붉은 세련된 원사도 포함되어 있었다.

이처럼 아름다운 붉은색을 내려고 아즈텍족 사람들이 사용하는 염료는 선인장속*Opuntia* 식물에 기생하는 닥틸로 피우스*Dactylopius*, 흔히 코치닐cochineal이라 불리는 곤충에서 추출한 것이었다. 아즈테카 왕국의 지배를 받는 지역에서는 이 원사들을 코치닐이 가득 든 주머니와 함께 해마다 황제에게 공물로 바쳐야 했다. 아름답고 화사한 양홍색 분말색소는 이 말린 벌레에서 추출한 것이었다.

스페인은 적어도 250년 동안 이 염료 생산을 독점하고 있었고, 유럽을 대상으로 독점 무역을 하여 막대한 이익을 챙겼다. 처음에는 알음알음 팔았는데 얼마 지나지 않아 코치닐에 매료된 유럽인이 크게 늘어났고, 그중 특히 영국인은 구매에 가장 적극적이고 열광하는 고객이 되었다.

영국인은 스페인의 양홍색에 사로잡혀 이를 영국군의 제복을 염색하는 데 사용했다(그 유명한 레드코트red coats는 17세기 말부터 19세기까지 영국군 정복이 붉은색 코트였기 때문에 붙여진 말로, 본래 그 군복을 뜻하기도 하지만 그 당시 군복을 착용한 군인 또는 당시 영국 군대를 의미하기도 함─옮긴이). 스페인과 전쟁을 자주

벌이면서도 양홍색 제복을 입으려고 스페인에서 염료를 구입할 방법을 모색할 정도였다. 스페인에서 들여오는 양홍색 염료는 영국군에게 없어서는 안 될 중요하고 특별한 존재였다. 선명하지 않은 다른 붉은색은 제복의 영광스러운 품위를 떨어뜨렸을 것이다. 색이 바랜 듯한 제복을 입고 전투하는 그들은 어떻게 보일까? 적들이 비웃으며 죽을 것이다. 이것은 승전과는 어울리지 않았다.

스페인은 염료 독점 판매로 시장 전체를 장악하고 있었다. 영국은 스페인에게 더는 끌려다니지 않으려고 부단히 노력했으나, 그 염료의 엄청난 비밀은 250년 동안 운이 좋은 스페인 생산자 극소수를 제외하고는 아무도 알 수 없었다.

그러나 영원한 비밀은 없었다. 18세기 말, 마침내 영국 스파이들은 그토록 갈망하던 정보를 훔치는 데 성공했다. 바라는 양홍색을 얻으려면 코치닐이 필요했고, 코치닐을 가지려면 선인장이 절대적으로 필요했다. 정확한 정보를 손에 넣었으니 이제 남은 일은 생산할 장소를 찾는 것이었다. 장소는 부족하지 않았다. 대영제국은 거대했고 제국 영토는 전 대륙에 걸쳐 있었다. 그중 호주가 낙점되었다. 호주에서는 선인장을 한 번도 길러본 적이 없지만 빠른 성장에 필요한 완벽한 기후를 갖추었기 때문에 선인장과 코치닐을 모두 호주로 수입해왔다.

그런데 결과는 예상과 달랐다. 코치닐이 호주에 도착한 직후 죽은 것이다. 무용지물이 된 선인장은 호주 사람들에게 버림받을 운명에 처했다. 정복자의 운명은 어떻게 되었을까? 코치닐과 달리 선인장은 호주에서 확산하는 데 요구되는 완벽한 환경을 찾았다. 어떤 장애물이나 천적도 없는 여러 곳에 많은 새를 이용하여 씨앗을 퍼뜨렸고, 몇 년도 안 되어 드넓은 영토에 퍼졌다.

1788년 브라질에서 호주에 당도한 선인장은 1920년 3,000만 헥타르 이상으로 확산되었고, 놀라운 속도로 해마다 50만 헥타르에 이르는 새 영토를 정복해나간 것으로 추정한다. 그렇게 이 식물은 퀸즐랜드와 뉴사우스웨일스의 아주 많은 경작지, 농장, 목초지, 농업 지역을 침략하면서 토착 식물들을 몰아내고 모든 생산 활동을 방해했다. 문제가 심각해져 19세기 후반부터는 당국이 해결책을 찾아나서는 상황에 이르렀다.

1901년 뉴사우스웨일스 주정부는 침략을 막을 방법을 고안한 사람에게 5,000파운드 스털링pound sterling(영국의 법정 통화인 파운드의 정식 명칭-옮긴이)을 주겠다고 했다. 1907년에는 상금을 두 배로 올렸음에도 딱히 마땅한 해결책을 찾지 못한 것 같다.

엉뚱해서 그렇지 아이디어가 없지는 않았다. 많은 사람들이 급진적인 아이디어를 내놓았다. 선인장 퇴치용 포식자로 토끼 수를 늘리자는 등 다른 종을 도입하자는 흥미로운 이야기 외에, 인간을 거대한 영토에서 대피시키고 항공기로 이페리트yperite(제1차 세계대전 때 널리 사용된 독성 가스)를 살포해 선인장 씨앗을 퍼뜨리는 데 책임이 있는 동물 개체군을 전멸하자는 아이디어도 있었다.

다행히 이러한 극단적 아이디어들은 고려되지 않았고, 수십 년 동안 종의 파괴적 돌진에 맞서는 유일한 무기는 그 식물들을 베어내 태우는 것이었다. 그러다가 1925년에 마침내 해답을 찾았다. 다양한 선인장의 천적인 칵토블라스티스 칵토룸*Cactoblastis cactorum*이라는 나방이었다. 이 나방의 유충은 잎 모양 줄기[*]를 먹으면서 20년 안에 호주의 많은 지역에서 위험을 제거했다. 해결책은 비범해서 예상치 못한 성공을 거두었다. 나방의 성장과 맞지 않는 서늘한 기후 지역을 제외하고는 삽시간에 선인장의 위협이 소멸되었다.

그럼 괜찮아졌을까? 부분적으로는 그렇다. 호주에서 칵토블라스티스*Cactoblastis*의 도입은 성공적인 작전으로 인용되었고, 퀸즐랜드주 친칠라시에서는 이 나방에게 헌정하는 칵토블라스티스 메모리얼 홀을 설립했다. 이는 자연은 항상 결정권을 갖기를 원한다는 사실을 여실히 보여주는 예다.

시간이 흐르면서 호주에서는 이 유충에 저항하는 선인

---

[*] 선인장에서 흔히 납작한 잎으로 여겨지는 것은 줄기이다. – 감수자

장 개체군이 진화하였다. 이것은 첫 번째 문제이지만 심각한 것은 아니다. 그렇긴 해도 앞으로 몇 년 동안은 선인장 개체수를 좀 더 신경 쓰며 통제할 필요가 있다.

그러나 두 번째이자 가장 중대한 어려움은 나방을 이용한 호주의 성공이 전혀 예상하지 못한 결과를 낳았다는 것이다. 선인장의 확산과 유사한 문제가 있던 다른 많은 국가에서 호주가 취한 방법을 따르면서 문제가 생겼다. 다윈이 우리에게 상기시켜 주었듯이 이러한 상황에서 일어날 일을 예측하는 것은 바람 부는 날에 깃털이 어디로 떨어질지 예측하는 것과 같다. 1960년대에 칵토블라스티스는 몬세라트와 안티구아에 지역 선인장 개체군 조절체로 도입되었다.

호주에서 깃털은 정확히 원하는 곳에 떨어졌지만 중앙 아메리카에서는 그러지 못했다. 이 나방은 카리브해에서 모든 종류의 운반체를 이용해가면서 푸에르토리코, 카리브해 동쪽의 섬 바베이도스, 카리브해의 케이맨제도, 쿠바, 아이티, 도미니카공화국으로 빠르게 확산되었다. 도미

니카공화국에서 선인장을 수입하자 이 나방은 1989년 플로리다에 처음 상륙했는데, 이곳에서부터 멕시코만 연안을 따라 연간 약 150킬로미터의 추정 속도로 이동하기 시작했다.

이 나방의 이동 경로는 완전히 통제 불능 상태가 되었고, 그중 일부 미국에 남은 나방의 유충은 미국의 많은 선인장 개체군을 멸종 위기로 몰아넣으면서 전체 생태계를 위협했다. 대표적인 사례로 이구아나과Iguanidae에 속하는 마지막 남은 개체군인 사이클루라Cyclura의 주요 식량원 중 하나인 바하마 산살바도르섬의 선인장에 대한 공격을 들 수 있다.

그리고 최근 칵토블라스티스는 그 정도로는 성에 차지 않은 듯 허리케인, 비자발적 이동 수단 또는 교역을 발판 삼아 멕시코로 이동했다. 그렇게 그들은 멕시코 남동부 유카탄반도의 무헤레스섬Isla Mujeres에서 처음 발견되었다. 호주에서와 달리 선인장은 멕시코에서 중요한 식물이다. 실제로 그것은 문장紋章("독수리가 뱀을 물고 앉아 있는 호숫가의 선인장이 있는 곳에 도읍을 세워라"라는 아즈테카 왕국의 건국 신화를 상징한다-옮긴이)과 국기에 나타난다. 선인장의 열매와 잎 모양 줄기는 인구의 주식이다. 가뭄에 가축을 먹이는 데 사용하고 선인장속의 일부 종은 여전히 코치닐 염료 산업에 사용된다. 하지만 만약 멕시코로 확산된다면 그 피해는 엄청날 것이다.

그러나 자연적 관계성에 대한 지식이 부족해 인간이 일으킨 자연재해 중 최악의 역사는 1950년대 후반에 마오쩌둥이 벌인 일이다. 1958년에서 1962년 사이에 중국 공산당은 대약진운동으로 알려진 중국 전역의 경제·사회 성장 운동을 이끌었다. 몇 년 안에 중국을 농업 국가에서 거대한 산업 강대국으로 탈바꿈해야 했던 만큼 전 인민이 총력을 기울였지만, 안타깝게도 그 결과는 그들이 기대했던 것과는 거리가 너무 멀었다. 당이 국가의 급진적 변화를 가져다줄 거라고 생각하고 추진한 개혁은 중국의 모든 생활 영역에 영향을 미쳤으며, 그중 일부는 국가에 비극적인 영향을 주었다.

1958년 마오쩌둥은 수세기 전부터 중국인을 괴롭혀온 몇몇 전염병을 급진적인 방식으로 근절해야 한다고 확신했다. 1949년 가을 공산당이 집권했을 때 중국은 전염병 발병률이 매우 높아 제구실을 못하는 국가였음을 기억하라. 페스트, 콜레라, 두창, 결핵, 소아마비, 말라리아가 거의 중국 전역에서 창궐했다. 콜레라는 너무 빈번하게 발병해서 영아 사망률이 30퍼센트[2]까지 이를 정도였다.

국민보건원의 창설과 대규모 페스트·두창 예방 접종 캠페인은 상황을 개선하려고 취한 최초의 조치로, 공산당의 공로를 인정할 만한 가치가 있는 일이다. 수질 정화 시설과 폐기물 처리 시설을 전역에 만들었고, 소비에트공화국이 이미 한 일을 모방하여 의료 인력을 육성해 농촌 지역으로 파견했다. 그리고 그곳에서 실질적인 보건 관리자로 일하며 주민을 대상으로 기초 건강-공공위생 실천교육과 유용한 의료자원으로 질병을 치료하게 했다.

하지만 그것만으로는 충분하지 않았던 게 분명하다. 질병을 퍼뜨리는 매개체의 확산을 막을 필요가 있었다. 말라리아를 일으키는 모기, 페스트의 감염 경로인 쥐 그리고 파리를 박멸해야 했다. 이 세 가지 '해악'에 하나가 더 추가되었다. 바로 참새였다(1958년 10월, 전국적으로 네 가지 해악인 모기, 쥐, 파리와 참새를 제거한다는 이른바 '제사해운동'이 실시됨 - 옮긴이). 논밭에서 힘들여 재배한 과일과 쌀을 먹는 참새들은 인민의 끔찍한 적 중 하나였다. 중국 과학자들은 참새 한 마리가 매년 곡식 4.5킬로그램을 소비한다고 추산했다. 따라서 참새 100만 마리가 죽을 때마다 6만 인분의 식량을 얻는 셈이라는 것이다.

이 정보를 바탕으로 4대 해충 박멸 캠페인이 탄생했고, 참새는 1순위 소탕 대상이 되었다. 오늘날에는 이렇게 극단적으로 생태계를 바꾸려는 시도가 무모한 행동으로 여겨지지만, 1958년에는 사람들에게 훌륭한 아이디어로 보였을지도 모른다. 결국 공산당이 하려고 했던 캠페인은 이 네 가지 해악과 싸우기 위해 전 인민의 힘을 동원하는 것이었다.

박멸의 필요성과 이를 실행할 수 있는 방법을 설명하는

포스터가 수백만 장 인쇄되었다. 참새의 경우, 각종 도구를 동원해 소탕 작전에 적극 임했다. 소탕 작전 지침 중에는 수단과 방법을 가리지 않고 소음을 발생시켜 참새들을 놀라게 하자는 안도 있었다. 그러면 참새들이 앉아 쉬지 못하고 계속 하늘을 날다가 탈진하여 땅에 떨어질 테니. 솥, 냄비, 징, 새총, 나팔, 뿔피리, 심벌즈, 큰북 등 가능한 모든 소음원이 동원되었다.

네 가지 해악에 맞서 대대적인 캠페인이 시작되었을 때 베이징에서 무슨 일이 벌어졌는지를 그곳에서 컨설턴트로 일했던 소련인 목격자 미하일 A. 클로치코Mikhail A. Klochko[3]의 이야기를 들어보자.

여자의 비명 소리에 아침 일찍 잠에서 깼다. 급히 창문을 내다보니 옆 건물 지붕 위에서 한 젊은 여자가 넓은 천을 묶은 대나무 장대를 미친 듯이 흔들면서 이리저리 뛰어다니는 모습이 보였다. 그 여자는 갑자기 비명을 멈췄다. 숨을 고르는 줄 알았는데, 잠시 후 길 아래에서 북소리가 울

리기 시작했다. 그러자 그 여자는 무서울 정도로 다시 비명을 지르며 자신의 깃발을 미친 듯이 흔들었다. 이것은 몇 분 동안 계속되었다. 그러다 북소리가 멈추자 그 여자는 입을 닫았다.

참새들이 건물에 내려앉는 것을 막기 위해 호텔 고층 전체에서 하얀색 옷을 입은 여자들이 천과 수건을 흔들었다는 것을 깨달았다. 이것은 참새 박멸 캠페인의 시작이었다. 온종일 북소리, 총소리, 비명 소리가 들렸고 펄럭이는 천들이 보였지만 그 어디에도 참새는 한 마리도 보이지 않았다. 불쌍한 새들이 치명적인 위험을 감지하고 더 안전한 땅으로 서둘러 떠난 것인지, 아니면 원래 그곳에는 참새가 한 마리도 없었던 것인지는 알 수 없다. 그럼에도 벨맨, 매니저, 통역사, 웨이트리스 등 호텔 전 직원이 동원되어 그 캠페인에 참여했고 정오까지 쉬지 않고 사투를 벌였다.

클로치코의 이야기에서는 그 활동이 큰 효력을 발휘하지 않은 것처럼 보이지만 결과는 유감스럽게도 비극적이었다.

정부는 해악을 죽이는 데 두드러진 성과를 보인 학교, 노동자 집단, 관청을 격려했다. 수치가 너무 엄청나서 신뢰성이 떨어지긴 하지만, 중국 정부가 제공한 추정치에 따르면 쥐 15억 마리와 참새 10억 마리를 박멸했다고 한다.

어쨌든 이 어마어마한 성과를 거둔 학살이 초래한 비극적 결과, 그것이 나타나기까지는 그리 오랜 시간이 걸리지 않았다. 참새는 곡식만 먹는 것이 아니었다. 그들의 주 먹이는 곤충이었다. 1959년 마오쩌둥은 해악이 참새에서 곤충으로 대체되었다는 사실을 깨달았지만 이미 피해가 발생한 뒤였다. 참새뿐만 아니라 중국의 거의 모든 새가 절대적으로 부족해져서 곤충 개체수가 현저히 증가했다. 메뚜기 수가 기하급수적으로 증가했고, 엄청난 곤충 떼가 중국 들판을 이동하면서 대부분의 작물을 파괴했다(이후 중국 정부는 소련으로부터 참새를 다시 들여왔다).

1959년과 1961년 사이에 발생한 일련의 불운한 사건은 한편으로는 자연재해와 관련이 있었고, 또 다른 한편으로는 대약진운동의 잘못된 개혁의 결과였다. 그중 참새를 박멸하려고 한 것이 최악의 아이디어 중 하나였음은 의심할 여지가 없다. 기근으로 인한 사망자가 3년에 걸쳐 폭증했고, 완전히 밝혀지지는 않았지만 2,000만~4,000만 명이 기근에 시달리다 굶어 죽은 것으로 추정된다.

작동 메커니즘을 잘 모르는 장난감을 가지고 노는 것은 위험한 일이다. 전혀 예측하지 못한 결과를 낳을 수 있다. 생태 공동체의 힘은 지구 생명체의 원동력 중 하나다. 미시적인 것에서 거시적인 것에 이르기까지 어디에 속하든 생명을 지속할 수 있는 것은 생명체 간 관계로 이해되는 공동체가 있기 때문이다.

1961년[4] 한 연구에 따르면, 버지니아주 요크강에 떠다니는 플랑크톤 군집community이 환경에 영향을 받지 않는 것으로 나타났다. 반대로 환경 자체의 변동에 대해 저항력이 5배나 커졌다.* 즉, 생명체 간의 관계는 물리적 환경에 적극적으로 영향을 미칠 수 있는, 힘이 있는 공동체를 형성한다.

공동체는 지구상 생명체의 기반이다. 전체 행성은 단일

생명체로 봐야 한다. 이것이 가이아 이론이다. 단일 생명체의 균형 잡힌 메커니즘은(좀더 기술적인 용어로는 항상성을 말한다) 변화하는 환경의 진동을 지속적으로 약화시키는 데 필요한 힘과 대항력을 생성할 수 있다. 주변 환경의 온도가 끊임없이 변화하는데도 우리 체온을 일정하게 만드는 메커니즘과 유사한 것으로 이해하면 된다. 생명체는 이러한 공동체를 바탕으로 진화했으며 인간의 개입이 금지된 경우에만 계속 존재할 수 있다. 이것이 바로 식물국가가 자연 공동체의 불가침성을 침해할 수 없는 권리로 인정하는 이유다.

* 논문에 따르면, (생물)공동체communities는 생물이 없는 물리적인 서식지인 피지컬 바이오톱physical biotope보다 5배 안정적이어서 상당한 항상성homeostasis을 갖는다. — 감수자

제3조

식물국가는 중앙통제센터와
그곳에 기능이 집중된
동물의 위계 조직을 인정하지 않으며,
광범위하고 분산된
식물 민주주의를 선호한다

식물과 동물은 3억 5,000만 년에서 7억 년 전 지구 진화 역사에서 결정적인 시점에 분리되었다. 초기 생명체들은 이 시기를 기점으로 두 갈래 길 중 하나를 선택하기도 했는데 하나는 식물의 탄생으로, 다른 하나는 동물의 탄생으로 이어지는 서로 다른 길에 올랐을 것이다. 식물은 비범한 광합성 능력 덕분에 에너지를 자율적으로 만들었기 때문에 자양분을 찾아 이동할 필요가 없었다.

그와 반대로 생존을 위해 어쩔 수 없이 다른 살아 있는 유기체를 사냥해야 했던 동물은 식물이 자신의 자리에서

햇빛을 통해 얻은 것과 동일한 화학 에너지를 찾아 끊임없이 움직일 수밖에 없었을 것이다. 갈림길에서 구조와 기능이 매우 다른 유기체들이 파생된 이유다.

자신이 태어난 곳에서 이동할 가능성 없이 땅에 뿌리를 내리는 일은 근본적으로 다음과 같은 결과를 가져온다. 식물은 포식자 앞에서 도망가지 않는다. 식물은 자양분을 탐색하러 가지 않는다. 식물은 더 안락한 환경 쪽으로 이동하지 않는다. 식물은 곤경에서 벗어나려고 동물이 주로 사용하는 해법인 '이동'을 할 가능성이 없다.

하지만 도망갈 수 없다면 어떻게 포식자에게 저항할 수 있을까? 동물의 경우 기능들이 특정 기관에 집중되어 있다. 이에 반해 단독·이중 기관이 없는 식물은 그 기능들이 전신에 분산되어 있다. 동물이 눈으로 보고, 귀로 듣고, 폐로 호흡하고, 뇌로 추론한다면, 식물은 몸 전체로 보고, 듣고, 호흡하고, 추론한다. 이것이 비결인 셈이다. 근본적인 차이점은 집중화 대 분산화 전략으로, 이 두 가지가 우리 삶에 어떤 영향을 미치는지는 바로 예측할 수 없다.

인간의 몸이 몹시 취약하다는 것은 누구나 알고 있다. 장기가 사소하게 오작동만 해도 생존에 위협이 된다. 다양한 특수 기관의 기능을 관장하는 두뇌를 써서 만들어낸 것들은 인간이 고안한 모든 유형의 조직이나 구조에 영향을 미친다. 우리는 이러한 중앙 집중식 또는 하향식 조직의 모습을 모든 곳에서 그대로 반복한다.

우리 사회는 동일한 구조로 구축되었다. 정부 조직, 산업 조직, 교육 조직, 군대 조직, 노동조합, 정치 조직, 종교 조직 등 인간이 만든 어떠한 조직체든 피라미드식 구조를 취하고 있다. 우리가 이용하는 도구들, 컴퓨터와 같은 가장 현대적인 것조차 우리 자신을 모조한 단순 유사체일 뿐이다. 우리 뇌 기능을 흉내 내는 프로세서는 우리 기관의 기능을 모방하는 하드웨어를 관리한다.

중앙 집중식 조직의 유일한 이점은 속도다. 상관, 즉 결정권이 있는 유일한 사람은 취해야 할 조치를 신속하게 결정할 수 있어야 한다. 중앙 집중식 조직의 이러한 특성은 동물 조직에 필요한 행동의 속도를 보장하지만, 인간의 업무에서는 좋은 결과를 맺지 못한다.

모든 위계 조직은 자신만의 관료제를 발전시킨다. 그 관료제 안에 있는 사람들의 기능은 다양한 단계를 통해 명령을 전달하는 메커니즘을 하나의 관행으로 변화시키는 것이다. 그렇게 한 단계에서 다른 단계로 명령을 하달하려면 불가피하게 오류가 발생하기 쉽고 시간이 걸리게 된다. 그결과 중앙 집중식 조직으로 인해 생기는 유일한 실질적 이점인 속도는 줄어들게 된다.

대신 수많은 단점은 그대로 남게 된다. 핵심 기관을 제거하기만 하면 붕괴되는 조직의 취약성에서부터, 결정을 내리는 본부와 그 결정에 직접 영향을 받는 곳과의 거리에 이르기까지. 여기서 끝이 아니다. 모든 위계 조직의 핵심 연결 구조인 관료제가 존재함으로써 발생하는 문제들은 많고 해롭다. 우리가 사냥터에서 궁지에 몰렸는데 명령을 기다려야 한다고 생각해보면 이해가 훨씬 쉬울 것이다.

이는 위계 조직의 존재 자체와 관련된 문제들이 불가피하게 생긴다는 것을 단적으로 보여준다. '피터의 원리The

Peter Principle'를 예로 들어보자. 뭔가 풍자적 느낌을 주는 이 이론을 한 번쯤 들어봤을 것이다. 최악의 관료제 내에서 발생하는 전형적인 상황과 계급마다 존재하는 중대한 어려움을 유머러스한 방식으로 풀어낸 이론이다.

로런스 J. 피터Laurence J. Peter가 1969년[1] 고안한 이 원리는 위계 조직 안에서 일하는 모든 사람은 자신의 '무능 단계'에 도달할 때까지 승진하려는 경향이 있음에 주목한다. 이게 과연 무슨 뜻일까?

완벽한 위계 조직을 상상해보자. 그 조직에 속한 모든 구성원은 직무수행 능력보다 자기 업무성과에 기초해 단계를 밟으며 상위계급으로 승진한다. 질투, 정치, 원한, 우정, 가족, 소득, 관계가 사람들이 한 단계에서 다음 단계로 승진하는 방식에 어떠한 영향력도 행사하지 않는 유토피아적 조직이다. 작은 경력까지 신경을 써야 하고, 서로에 대한 증오와 악의가 난무하는 암울한 세상에서 잠시 벗어나 성공의 원동력인 업무성과만 내면 되는 이 기적적인 조직의 최고위직까지 자유롭게 날아 올라보자. 그곳은 완벽한 조직처럼 보일지 모른다. 그렇지 않은가? 그러나 피터는 위계 조직이라는 사실 때문에 그러한 유형의 조직이 어떻게 제 기능을 할 수 없는지 함께 살펴보자고 한다.

피라미드식 조직 구조의 이런 특성 때문에 어떤 직원이든 유능하게 일을 잘하는 사람은 승진으로 보상받아서 새로운 일을 맡게 되는데, 그 일은 더 복잡하면서 다른 도전 과제 수행 능력을 요구한다. 그 직원이 마침내 잘 수행하지 못할 일을 맡게 될 때 그는 그 자리(피터의 고지Peter's plateau라고 함)에서 남은 직장 생활 내내 그 일을 하면서 보낼 것이다. 하지만 도달한 새로운 계급에서 능력이 인정되면, 그는 자신의 능력 밖의 자리에 오를 때까지 또다시 승진하게 될 것이다. 아무리 아니라고 해도 위계 조직 안에서 모든 구성원은 자신의 무능이 드러날 때까지 승진한다는 피터의 원리는 피할 수 없는 결론이다.

"당장 모든 공무원을 더 낮은 계급으로 강등시켜야 한다. 그들은 무능해지는 자리까지 승진했기 때문이다"라고 피력한 스페인 철학자 호세 오르테가 이 가세트José Ortega y

Gasset는 피터보다 먼저 이 원리를 감지했다. 피터가 이 원리를 공개한 책을 집필한 초기 의도는 풍자였으나, 그가 내린 결론은 몇 년간 수행된 일련의 연구에서 확인된 바와 같이 전혀 과장된 내용이 아니었다. 2018년에 발표된 내용 중 하나에 따르면 미국의 214개 회사에서 직원의 승진과 관련된 관행을 조사한 결과, 이전 직무에서 영업 능력은 매우 뛰어났으나 관리 능력이 거의 없거나 아예 없는 사람들을 관리직으로 승진시키는 경향이 있었다.[2]

'피터의 원리'는 관료제 조직만의 문제는 확실히 아니다. 모든 위계 조직과 간접적으로 연결되어 있다. 조직의 여러 계급 간에 명령을 전달할 필요가 있어 생성된 관료제 조직은 가능성이 존재하는 한, 즉 소비할 자원이 있는 한 자신의 구성원을 늘리면서 통제할 수 없이 성장하는 경향이 있다. 1955년 영국의 역사학자이자 경영연구가 시릴 노스코트 파킨슨Cyril Northcote Parkinson은 원래《이코노미스트》지에 기고했던 에세이의 내용을 보완하여《파킨슨의 법칙 Parkinson's Law》으로 알려진 책[3]을 한 권 발표했다. 파킨슨의 법칙[*]에 따르면 관료제 조직은 가능한 한 항상 확장된다고 한다.

파킨슨은 자신의 법칙을 뒷받침하고자 설득력 있는 자신의 경험적 데이터와 일련의 사례들을 들었다. 이 중 하나가 대영제국 식민성colonial office에 근무했던 인원 수다. 몇 년에 걸쳐 관리해야 할 식민지 수가 줄었는데도 근무자 수는 감소세를 보이지 않고 지속적으로 증가하다가 관리할 해외 식민지가 더는 없어 외무부에 흡수되었을 때 인력 규모가 최고점에 이르렀다.

파킨슨의 법칙에 따르면 이는 업무량 변동 유무와 무관하게 모든 관료제 조직에서 필연적으로 발생한다. 관료제 조직의 구성원은 경쟁자를 늘리기보다 자기 부하직원을 늘리려는 경향이 있다(부하배증의 법칙-옮긴이)는 단순한 이유 때문이다.

이 점을 확실히 짚고 넘어가자. 일정량의 처리해야 할 업

---

[*] 파킨슨의 법칙은 가스가 할당된 부피에 맞게 팽창한다는 '이상기체 법칙'을 기반으로 한다. – 감수자

무가 있는 근로자가 업무량이 늘어 혼자서는 처리할 수 없다는 것을 알게 되거나 혹은 단순히 일을 더하고 싶지 않을 경우, 문제를 해결할 수 있는 세 가지 전략에 직면하게 된다. ① 사임할 수 있다. ② 동료와 업무를 절반씩 분담할 수 있다. 마지막으로, ③ 직원 둘(반드시 두 명이어야 한다)을 고용할 수 있다. 한 명만 고용하면 사실상 경쟁자가 될 수도 있고 그렇게 되면 ②의 상황에 다시 처해 자신이 부하의 업무를 분담하고 있다는 사실을 알게 될 것이다.

이제 이 세 가지가 보여줄 수 있는 각각의 결과를 빠르게 분석해보자. 첫 번째는 실직으로 이어지므로 이내 배제되었다. 두 번째는 승진의 관점에서 잠재적 경쟁자 양성으로 이어질 수 있다. 반면 세 번째는 업무량은 줄어들면서 직위와 승진 기회는 그대로 유지할 수 있어 근로자에게 유일한 전략이 될 수 있다.

아니나 다를까 얼마 지나지 않아 새로 고용된 두 부하직원도 같은 상황에 놓일 테고 받아들일 수 있는 유일한 해결책은 그들에게 부하직원을 각각 두 명씩 채용해주는 것이다. 이러한 악마의 역학을 따름으로써 이전에 한 명이 처리하던 업무를 7명이 한다는 사실을 알게 될 것이다.

파킨슨의 법칙을 간단한 수학적 공식으로 표현할 수 있다. 파킨슨의 법칙에 따르면 조직 구성원의 연간 증가율은 변함없이 5.17~6.56퍼센트가 될 것이다. 그리고 실제로 많은 관료제 조직에서 파킨슨의 법칙의 예측과 가까운 증가율을 보이는 것은 놀라운 일이다. 결국 관료제는 권한 위임을 하는 최악의 관계 중 하나다.

독일의 사회학자이자 경제학자 막스 베버Max Weber는 모든 관료제는 그것을 만든 사회에 더 이상 봉사하지 않고 사회와는 관계없는 이질적인 존재로 성장하면서 관료제 조직을 보호하는 조치를 하며, 조직 규모를 정당화하는 역할만 하는 비기능적 규칙들을 강요한다고 기술했다.[4]

식물국가는 동물의 구조에서 영감을 받은 위계 조직을 기반으로 한 조직들을 인정하지 않는다. 우리는 식물국가 헌법 제3조에서 동물 조직의 관료적 위계 질서가 초래한 피해 사례를 보는 것만으로도 식물 조직이 얼마나 지혜로

운지 알게 된다.

안타깝게도 관료제는 위계 조직과 중앙 집중식 조직을 괴롭히는 여러 문제 중 하나에 지나지 않을 뿐이며, 아직 최악의 문제는 거론하지도 않았다. 최악은 다음 장에서 보게 될 것이다. 많이 알려지지 않은 위계 조직의 문제 중 하나는 건강에 좋지 않다는 것이다.

1967년 영국에서는 영국 공무원의 신체적·정신적 건강에 관한 연구가 시작되었다. 화이트홀 스터디Whitehall Study로 불리는 이 연구는 광부나 군인 같은 범주와는 달리 위험에 직접적으로 노출되지 않고 건강한 중산층을 대표하는 공무원에 초점을 맞췄다.

영국의 공무원은 대부분 대규모 조직과 같이 매우 위계적이다. 직원은 직급에 따라 분류되고 급여는 직급과 직접적인 관련이 있다. 직급이 높을수록 급여와 특권이 많아진다. 이 연구는 처음에는 10년 동안 20~64세 사이의 1만 8,000명 이상 남성 공무원을 대상으로 했다. 이후 두 번째 연구에는 35~55세 사이의 공무원 1만 명 이상이 참여했

으며, 이 중 3분의 2는 남성이고 3분의 1은 여성이었다.[5)]

이 일련의 연구에서 주요 결과는 근로자가 도달한 직급과 사망률 간에 직접적인 연관성이 있음을 논란의 여지 없이 증명했다. 직급이 낮을수록 사망률이 높아졌다. 위계 조직의 말단에 있는 직원(심부름꾼, 경비원 등)의 사망률은 고위직(관리자)보다 3배 더 높았다.

이 결과는 이후 많은 다른 유사한 연구에서 입증되어 '지위증후군status syndrome(사회적 불평등이 건강에 영향을 미치는 현상-옮긴이)'[6)]으로 명명되었다. 게다가 이 같은 연구는 관료제에서 도달한 직급은 일부 유형의 암, 심장병, 위장병, 우울증, 요통 등과 같은 병리와 간접적으로 관련이 있음을 보여주었다.

이제는 이러한 병리 대부분이 비만(중), 흡연, 고혈압, 운동 부족과 같은 위험 요소와 직결되어 있으며, 위계 조직상 직급과는 전혀 관련 없이 사회계급인 저소득층과 직결되어 있다. 그러나 여전히 설명할 수 없는 것은 이러한 위험 요소가 최종 결과에 부분적으로라도 영향을 미친다는 점이다. 그 질병들을 관리해도 위계 조직에서 하위계급의 심혈관 질환 위험이 상위계급보다 2.1배 더 높았다.

사망률을 크게 변화시킨 결정적 요인은 하위계급에서 확인된 높은 지수의 스트레스였다. 하위계급에서 나타나는 더 높은 지수의 스트레스는 위계 조직과 직접 연결되어 있었는데, 강력한 위계 집단을 이루는 개코원숭이처럼 우리와 가까운 동물과도 이 연구를 공유할 수 있다.

실제로 '알파 메일alpha males(동물 집단의 우두머리 수컷 - 옮긴이)', 즉 상위계급의 원숭이에게서 확인된 혈중 글루코코르티코이드glucocorticoid(스트레스 호르몬이라고도 하는 코르티솔cortisol을 포함한 스테로이드 호르몬의 일종)의 양은 하위계급에서 확인된 것보다 상당히 적었다. 심지어 위계 조직의 최하위계급은 주로 복부 주변에 지방을 축적하는 반면, 알파 메일은 몸 전체에 지방을 고르게 분배했다. 다시 말해 우두머리 원숭이들이 날씬하고 근육질인 것과 대조적으로 부하 원숭이 계급에서는 더 뚱뚱하고 수동적인 면이 몸에 배어 있었다.

그러던 어느 날 이 개코원숭이 무리에서 알파 메일과 상위계급 수컷 중 다수가 결핵으로 사망하면서 개체수가 반으로 줄어들어 하위계급 수컷과 그들보다 훨씬 더 많은 수의 암컷으로 구성이 이루어졌다. 여러 가지 이유로 그 무리는 위계 조직이 없는 새로운 상호작용 체계를 배웠고 그 무리로 찾아온 새로운 수컷에게도 그것을 가르쳤다. 그 이후 무리 구성원의 스트레스 지수가 크게 줄면서 혈중 글루코코르티코이드 비율이 평균화되었다.

이를 요약하면 위계 조직은 건강에도 좋지 않다. 이게 끝일까? 천만에. 불행히도 이것은 시작에 불과하다. 최악은 아직 등장하지도 않았다.

중앙 집중식 조직과 위계 조직은 둘 다 본질적으로 취약하다. 아즈테카 왕국을 정복한 에르난 코르테스와 잉카 제국을 정복한 프란시스코 피사로Francisco Pizarro는 선원들과 함께 단순히 아즈테카 왕족 최후의 황제 몬테수마Montezuma와 잉카의 마지막 황제 아타우알파Atahualpa를 포로로 잡음으로써 천년에 걸친 두 문명을 결정적으로 쇠퇴하게 만들었다.

수백만 명으로 구성되었고(1519년 11월 8일 코르테스가 상륙했을 때 테노치티틀란에만 약 25만 명이 거주하고 있었다) 많은 과학 분야에서 고도의 지식을 갖춘 진화된 두 문명은 정복자들의 공격을 받아 순식간에 해체되었다.

두 제국의 몰락에는 여러 요인이 작용하기는 했다. 이 가운데 거의 언급되지 않은 요인으로 극단적인 권력 집중을 들 수 있다. 권력이 소수의 손에 집중되어 있었다. 그 둘보는 뒤처졌지만 중앙 집중식 권력이 아닌 분산된 조직 구조였던 아파치족은 몇 세기 동안 스페인 진격에 저항하면서 그들이 대륙 북쪽으로 확장하지 못하게 막아냈다. 하지만 취약성조차 위계 조직의 최악의 단점은 아니다.

독일 태생의 유대인 정치철학자 한나 아렌트Hannah Arendt는 1963년 20세기 역사 이해의 기본서 중 한 권인 《예루살렘의 아이히만: 악의 평범성The Banality of Evil에 대한 보고서》을 출판했다. 이 책은 보도기자 한나 아렌트가 유대인 수백만 명을 학살한 데 책임이 있는 나치 전범 아돌프 아이히만Adolf Eichmann의 재판 과정을 참관하고 취재한 결과물이다.

권위에 대한 전적인 순종에 중점을 둔 아이히만의 법정 변론을 본 아렌트는 아이히만이 대부분의 독일인과 마찬가지로 악에 특별한 성향이 있는 것이 아니라 위계 조직의 일원으로 자기 행동의 궁극적 의미를 알지 못한 채 관료들 명령에 순응하여 임무를 충실히 수행한 것일 뿐이라는 확신을 이끌어냈다.

당시 아렌트의 주장은 불합리해 보였다. 위계 조직을 고려한 아렌트의 논문에 따르면, ① 자신의 행동과 그 행동의 결과 사이에 상당한 차이가 있고 ② 권한은 막강하며 ③ 홀로코스트의 공포를 재현할 수 있는 위계 조직 내의 관계가 비개인화되면, 대부분 사람에게 전적으로 용납될 수 없는 것처럼 보였던 홀로코스트의 공포가 재현될 수 있다는 것이다.

아렌트의 책은 사회적으로 큰 파문을 일으켰다. 홀로코스트가 다시 일어날 수 있을 뿐만 아니라 누구라도 거악

巨惡의 주인공이 될 수 있다는 점에서 말이다. 이 충격적인 가설은 시간이 지남에 따라 받아들여졌지만 처음에는 아주 많은 사람에게 전적으로 거부 반응을 불러일으켰다. 홀로코스트 같은 극악무도한 일이 처음에 조직의 한 형태에서 나왔다는 게 사실일 리 없다고 생각했다. 아렌트의 주장에 대한 반응은 가히 폭력적이었고 악이 어디서나 '평범하게' 발생할 수 있다는 그의 개념은 완전히 거부되었다.

《예루살렘의 아이히만》이 출간된 그해 예일대학교 심리학자 스탠리 밀그램Stanley Milgram은 놀라운 일련의 실험 결과를 얻자 이를 전문 저널[7]에 게재했다. 그로부터 10년 뒤 《권위에 대한 복종Obedience to Authority》[8]이라는 제목으로 출간되었고 《예루살렘의 아이히만》과 함께 필독서가 되었다.

밀그램이 고안한 복종 실험은 권위자를 대표하는 과학자, 권위자의 명령을 따르는 교사 그리고 교사의 결정에 좌우되는 학생 세 사람 사이의 상호작용을 기반으로 했다. 교사와 학생은 서로 다른 두 방에 있다. 학생은 교사가 전기 충격을 가할 수 있는 전극에 연결되어 있다. 교사의 임무는 학생에게 단어 쌍을 학습(단어 쌍 학습은 '의사-간호사'같이 두 단어로 된 쌍을 여러 개 보여준 다음 '의사'라는 단어만 보여주고 이 단어와 짝지었던 단어를 알아맞히게 하는 것-옮긴이)시키고 학생이 이를 정확하게 기억하는지 확인하는 것이었다.

학생이 틀렸을 때 교사는 최소 15볼트에서 어쩌면 죽음까지 이르게 할지도 모를 최대 450볼트까지 강도를 점점 높이는 전기 충격으로 학생을 벌한다. 학생과 과학자는 실험 관계자로 고용된 연기자다. 전기 충격 장치 역시 가짜다. 실제 실험 대상은 교사였다.

밀그램의 관심은 권위자(과학자)의 지시를 따르기 위해 얼마나 많은 피실험자들이 치명적일 수도 있는 최대 전류량으로 학생들을 처벌할 것인가를 아는 것이었다. 누구나 온라인에서 그 실험 과정을 찾아볼 수 있는데, 자세히 설명하지 않고 결과만 보더라도 놀랍기 그지없다.

최대치의 충격을 가한 교사 비율이 65퍼센트를 넘었다. 학생이 교사와 같은 방을 공유하거나(인접) 두 과학자가 논쟁을 벌이는(권위 약화) 등 일련의 변형 실험에서는 비율이 20퍼센트 미만으로 떨어졌다. 아렌트의 주장이 과학적 실험으로 증명된 셈이다. 밀그램의 실험 역시 발표 이후 몇 년 동안 논쟁거리가 되었으나 좀 더 변화를 주어 반복한 실험에서도 항상 유사한 결과가 나왔다.

여러 가지 부정적 측면이 있거나 문제를 일으켰음에도 동물의 신체 기능과 구조를 완벽하게 재현한 위계 조직은 어디에나 존재한다. 그렇다면 우리와 다른 조직을 상상해 볼 수 있지 않을까? 예를 들어 식물의 신체처럼 구축된 광범위한 조직은 존재하지 않는 것일까?

중요한 사례들이 있다. 있을 뿐 아니라 이제는 거의 항상 현대의 조직을 대표한다. 바로 인터넷이다. 동시대의 상징인 인터넷 자체는 식물처럼 만들어졌다. 특수화된 기관 없이 아주 많은 수의 동일하고 반복되는 노드node(데이터 통신망에서 데이터를 전송하는 통로에 접속되는 하나 이상의 기능 단위. 주로 통신망의 분기점이나 단말기의 접속점을 이름-옮긴이)로 구성됨으로써 완전히 탈중앙화되어 널리 퍼져 있다.

뿌리 기관의 지형을 인터넷 지도와 비교해보면 구조적 유사성을 발견할 수 있다. 근계root system를 포함한 식물은 모듈로 구성되어 있다. 개별 모듈은 항상 더 넓고 복잡한 구조를 형성하고자 무한 반복하지만 근본적인 중심이 없다. 뿌리 기관은 나무 한 그루에 수천억 개를 보유할 것으로 추정되는 천문학적 숫자의 근단root tip으로 구성되어 있다. 근단은 토양 속에서 뻗어나가 식물에 필요한 영양소와 수분을 찾으려고 탐지하면서 우리 신경망의 구조적 복잡성에 필적할 만한 복잡한 네트워크를 형성한다.

그러나 우리 뇌가 믿을 수 없을 정도로 연약하고 뇌 안에는 필수 기능 수행에 특화된 다양한 영역이 있는 것과 달리, 근계에서는 기능이 사방으로 퍼져 있다. 따라서 필수 기능에 특화된 영역이 없는 뿌리들은 전체 뿌리 네트워크 대부분에 영향을 미칠 광범위하고 심한 손상에도 조용히 살아남을 수 있다.

나뭇잎의 구조도 매력적임을 알게 될 것이다. 전문가의 눈으로는 먼 거리에서도 충분히 구별할 만큼 종마다 구조가 서로 다름에도, 유사한 모듈의 동일한 확산과 반복 규칙을 따른다.

1972년 식물학자 롤로프 올데만Roelof Oldeman은 프랑스령 기아나[9]의 강 야루피Yaroupi에서 통나무배를 타고 노를 젓다가 나무가 반복되는 모듈로 구성되어 있음을 발견했다. 각각의 모듈은 정확히 하나의 독립된 건축물인 셈이다. 뿌리, 줄기, 잎맥 등이 원래 줄기에서 갈라져 나간 분지分枝 하나를 관찰해본 사람이라면 그 자체 하나하나가 나무의 일반적 특징을 한데 모아놓은 것임을 알아차릴 수 있다.

뿌리에서 나뭇잎에 이르기까지 어디를 보든 식물은 동물의 중앙 집중식 모델과 달리 광범위한 모델을 기반으로 만들어졌음을 알 수 있다. 식물은 자유와 견고성을 동시에 허용하는 조직인 것이다.

최근 몇 년 동안 광범위한 의사결정의 형태를 제공하고 합의와 권한이 위로부터 부여되는 것이 아니라 자신의 능력과 영향력에서 비롯되는 분권화된 조직[10]이 빠르게 확산되고 있다. 식물의 조직처럼 중앙통제센터가 없는 이러한 광범위한 조직 모델에서 의사결정센터들은 주변부에서 자발적으로 발생하며 확산되는데, 이 주변부는 문제를 정확하게 해결하려면 있어야 하는 곳, 다시 말해 정보가 가장 유용하고 요구가 명확한 곳이다.

식물국가는 반복되고 탈중앙화한 광범위한 조직 모델만 이용하면서 동물의 위계 조직 또는 중앙 집중식 조직의 전형적인 취약성, 관료제, 거리, 동맥경화증, 비효율성 문제에서 영원히 자유로워졌다.

제4조

식물국가는
현세대 생물의 권리와
다음 세대 생물의 권리를
보편적으로 존중한다

아프리카의 부룬디인이든 이탈리아인이든 아이슬란드인이든 할 것 없이 인간은 가장 뛰어난 포식자다. 사자가 다른 동물이 주권을 놓고 대항하지 않는다는 암묵적 동의하에 자기 영토를 대표하는 사바나에서 나른해하며 만족스러워하는 눈빛으로 응시하는 것처럼, 인간 종 역시나 지구 전체를 어느 정도 독점 관할한다고 스스로 여긴다. 우리가 아는 한 우주에서 생명체를 수용하는 유일한 장소인 지구, 이 생명체의 공동주택이 인간에게는 먹고 소비하는 단순한 자원 그 이상 그 이하도 아닌 것으로 여겨진다. 마치 항상 굶주리는 사자 눈에 보이는 가젤 같은 것이다. 이 자원이 고갈되어 우리 종의 생존 자체가 위험에 빠질 수 있다는 데는 관심이 없는 것 같다.

우주 메뚜기처럼 수많은 다른 행성의 자원을 먹어치운 후 지구 자원을 한입에 털어 넣을 심산으로 지구에 당도한, 악당 외계 종이 등장하는 공상과학영화를 본 적 있는가? "우리가 그 외계인들이야. 지구 다음에는 더는 파괴할 행성들이 존재하지 않아. 이게 무슨 말인지 우리가 최대한 빨리 말귀를 알아듣게 해주지."

동물은 다른 생명체가 생산하는 유기 물질을 소비하며 살아가고, 식물처럼 태양 에너지를 독립적으로 고정화할 수 없기에 생존을 보장하려면 반드시 다른 생물의 포식에 의존해야 한다. 이런 이유로 식물은 항상 먹이 피라미드, 생태 피라미드 또는 영양 피라미드 등 모든 피라미드의 맨 아랫부분을 차지한다.

어떤 피라미드든 이름에 상관없이 개념은 항상 같다. 식물이 있는 피라미드, 즉 생산자인 식물이 가장 낮은 단계에 있고 식물 위에는 식물을 먹는 초식동물, 그보다 위에는 고기를 먹는 육식동물이나 식물과 고기를 모두 먹는 잡식동물, 그렇게 먹이사슬의 최상위를 대표하는 슈퍼 포식자에 이르기까지 다양한 영양 단계를 거쳐 위쪽으로 진행된다.

내가 볼 때 식물을 피라미드의 최하위에 배치하는 것은 잘못이며, 그다지 관대해 보이지 않는다. 화학 에너지를 소비하는 유기체가 아닌, 화학 에너지를 생산하는 유기체를 상위에 표시하는 것이 더 정확하다고 생각한다. 내가 말하고자 하는 바는 이렇다. 자동차는 엔진이 가장 중요하다. 그렇지 않은가? 나머지는 필수 부품이 아니다. 이와 마찬가지로 식물은 자동차의 필수 부품인 생명체의 엔진이며 나머지는 차체에 불과하다.

에너지가 피라미드의 하위 단계에서 바로 위의 단계로 전달될 때마다(예를 들어 초식동물이 식물을 먹을 때) 전체 에너지의 10~12퍼센트만 축적되어 새로운 바이오매스(특정한 어떤 시점에서 특정한 공간 안에 존재하는 생물의 양. 중량이나 에너지양으로 나타냄-옮긴이)를 구축하는 데 사용되고 나머지는 다양한 대사 과정에서 손실된다. 그 결과 우리는 모든 단계에서 전 단계 에너지의 10퍼센트만 얻게 된다. 이것은 아찔한 감소(세)다.

한번 생각해보자. 1차 생산자(식물)에게 10만에 해당하는 임의의 에너지가 부여되었다면 다음 단계들은 1만, 1000, 100, 10, 1 등이 될 것이다. 피라미드의 정점에 있는 유기체들, 이른바 슈퍼 포식자들은 에너지 측면에서 지속 가능성이 가장 낮다는 것을 상상해볼 수 있다.

생태학자들은 식이를 기반으로, 인간을 슈퍼 포식자로 간주해야 하는 문제를 두고 수년 동안 논쟁했다. 지구상의 국가별 영양 수준은 큰 차이를 보이는데 거의 전적으로 채식을 하는 부룬디 사람들(이 나라는 섭취하는 식품의 97퍼센트가 채식-옮긴이)은 가장 낮은 2.04 수준으로, 순수 초식동물 수준인 레벨 2*에 매우 가깝다.

---

* 영양 수준trophic level으로, 유기체가 먹이사슬에서 차지하는 위치. 식물은 1, 초식동물은 2, 육식동물은 3, 그 이상 최상위 포식자는 4 또는 5 - 감수자

채식하는 사람들이 50퍼센트밖에 되지 않는 아이슬란드 사람들(이 나라는 육류와 수산물이 음식물의 50퍼센트 이상 차지-옮긴이)은 가장 높은 2.57 수준에 이른다. 영양학적 수준에서 인간은 돼지와 같은 순위에 놓여 있다는 흥미로운 연구 결과가 나왔다.[1] 반면에 다른 생태학자들은 인간을 모든 영양학적 먹이사슬의 최상위 포식자로 고려해야 한다고 믿는다.[2]

나는 이 매력적인 토론이 무의미하다는 생각이 든다. 인간이 이 행성의 유일한 진짜 슈퍼 포식자라는 것은 분명하니까. 그뿐만 아니라 인간의 특성은 어떤 생물들보다 다른 종을 엄청나게 위험하게 만든다.[3] 인간이 재생 불가능한 자원을 점점 더 많이 소비하고 이 무분별한 활동으로 생긴 폐기물로 공기, 토양, 물을 오염하는 것은 슈퍼 포식자로서의 활동에서 비롯된 것이다.

이 포식 행위가 얼마나 위험한지, 이미 어떤 피해를 일으켰는지에 대한 인식이 부족하다. 물론 사람들은 대개 지구 온난화, 기후변화, 도시 오염, 생물다양성biodiversity(유전자,

생물종, 생태계 세 단계의 다양성을 종합한 개념 -옮긴이) **감소 등의**
이야기를 들어서 알고는 있지만 상황이 얼마나 심각한지
에 대해서는 크게 느끼지 못하는 듯하다. 적어도 나는 그
렇게 생각한다. 그렇지 않다면 인류가 자신의 미래에 대한
감각을 잃었다는 것을 의미하니까.

많은 사람이 인류세Anthropocene(나 또한 최근 이에 대한 글을
썼다)[4]라는 말을 들어보았을 것이다. 인간 활동이 지구에
지배적 영향을 주는, 우리가 사는 이 지질시대를 가리킨다.
예를 들어 인간의 지속적이고 억제할 수 없는 소비 욕구는
끔찍한 대멸종의 한 원인이 될 정도로 지구의 특성에 지대
한 영향을 미치고 있다.

우리 행성의 역사에서 (현재) 진행 중인 것과 비슷한 재
앙이 발생하려면 소행성, 분화, 지구 자기장 역전, 초신성,
해수면 상승이나 하강, 빙하작용 그리고 이와 유사한 재
앙과 같은 종말론적 사건들이 필요했다. 멸종 사건들은
3,000만 년[5]에서 6,200만 년[6] 사이의 주기로 진동하는
것으로 추정되며, 그 원인은 은하계의 진동이나 지구의 우

리은하 나선팔spiral arms(나선은하의 중심에서 나선 형태로 휘감겨 뻗어나오는 별들의 영역-옮긴이) 지역 통과와 같은 상황에 달려 있다고 가정한다.[7]

역사상 지구는 다섯 번의 주요한 대멸종과 그 사이사이에 크고 작은 생물들의 멸종 사건을 겪었다. 1982년 존 셉코스키J. John Sepkoski와 데이비드 라우프David M. Raup가 확인해 유명 학술지에 발표한 두드러진 다섯 번의 멸종 사건(시카고대학교 고생물학자 셉코스키와 라우프 교수가 발표한 '지구 5대 대멸종' 이론-옮긴이)[8]은 다음과 같다.

① 오르도비스기-실루리아기 멸종Ordovician-Silurian Extinction: 4억 5,000만 년에서 4억 4,000만 년 전, 모든 생물 종의 60~70퍼센트가 멸종할 수 있는 두 가지 사건이 확인되었다. 멸종된 속의 비율을 따져 보면 지구 역사상 다섯 번의 주요 멸종 중 두 번째로 큰 대멸종 사건에 해당한다.

② 그 이후 아마도 약 2,000만 년에 걸쳐 서서히 진행되었다고 생각되는 데본기 말기의 멸종Late Devonian

Extinction : 이 기간에는 당시 현존했던 종의 약 70퍼센트가 소멸되었다.

③ 페름기-트라이아스기 멸종Permian-Triassic Extinction : 2억 5,200만 년 전 지구를 강타한 가장 극적인 멸종 사건으로, 현존했던 모든 종의 90~96퍼센트가 사라졌다.

④ 트라이아스기-쥐라기 멸종 Triassic-Jurassic Extinction : 2억 1,000만 년 전, 이 기간에 모든 종의 70~75퍼센트가 멸종되었다.

⑤ 마지막으로 6,600만 년 전 백악기-팔레오기 멸종 Cretaceous-Paleogene Extinction(공룡이 멸종된 시기) : 생물의 75퍼센트가 사라졌다.

오늘날 우리는 여섯 번째 대멸종의 한가운데에 있다. 대규모 멸종의 결과를 감지하는 것은 결코 쉬운 일이 아니다. 현재 행성의 종 멸종 속도는 상상할 수 없다. 미국 듀크대학 생물학자 스튜어트 핌Stuart Pimm 연구팀의 추정에 의하면, 인간이 출현하기 이전에는 지구상 생명체의 평균 멸종 비율이 매년 100만 종당 0.1종이었지만 현재는 그보다 약 1,000배 증가하여 매년 100만 종의 생명체당 100종이 멸종되고 있으며, 가까운 미래에는 최대 1만 배 더 높은 멸종 비율을 나타낼 것이다.[9)]

이것은 종말을 보여주는 숫자다. 지구 역사상 가장 비극적인 대량 멸종 시기였을 때조차 이렇게 높은 멸종 비율을 보인 적도 없고, 특히 감지하기 힘든 압축된 시간 프레임에 놓인 적도 없다. 우리가 알고 있는 과거의 대규모 멸종은 비록 빠르게 진행되기는 했지만 항상 수백만 년에 걸쳐 나타났다.

그에 반해 인간의 활동은 한 줌밖에 되지 않는 시간 안에 다른 생물 종에 치명적인 영향을 미치는 것이다. 호모 사피엔스의 전체 역사는 38억 년 생명체 역사에서는 눈 깜짝할 사이에 불과한 30만 년 전에 시작되었다.

자기 영토에서 토착종을 대체할 능력이 있는 가죽나무속*Ailanthus*, 아까시나무속*Robinia*, 수크령속*Pennisetum* 등과 같은 식물 종의 침입을 염려하는 사람들은 호모 사피엔스라는 침입종에 비하면 동물이든 식물이든 다른 종의 위험은 그저 가볍게 웃어넘길 수준이라는 것을 알아야 한다.

2017년 말 184개국 과학자 1만 5,364명이 〈인류에 대한 세계 과학자들의 경고: 2차 공지World Scientists' Warning to Humanity: A Second Notice〉라는 논문에 서명했다(역사상 최다 추천 서명이 붙은 논문-옮긴이). 이 논문에서는 "우리는 약 5억 4,000만 년 동안 일어난 다섯 차례 대멸종에 이어 제6차 대멸종기에 들어섰고 금세기 말까지 현재의 많은 생명체가 전멸되거나 멸종으로 가는 길 위에 있을 수 있다"[10]라고 주장했다.

이 문제에는 신경 끄고 싶을 수도 있다. 어쩌면 많은 사람이 마음속으로는 이렇게 생각할지도 모른다. '비록 멸종 비율이 높기는 하지만 왜 우리가 동식물 종이 사라지는 것을 걱정해야 하지? 우리는 인류 문명을 전부 파괴할 정도로 강한 존재로, 그들이 멸종하더라도 살아남을 텐데 말이야.'

우리가 우리 문명 보존에 직접적 관심을 보이지 않을뿐더러 우리 종의 생존에 대해 언급조차 하지 않는 것은 정말 위험한 일이다. 식물, 곤충, 조류alge, 새, 다양한 포유류의 멸종이 우리 생존에 어떤 영향을 미칠까?

코뿔소, 고릴라, 고래, 코끼리, 바나나, 반딧불이, 몽크물범이 멸종되어 가는 것이 슬프긴 하지만 따지고 보면 이 생물들을 본 사람이 있기는 할까. 우리는 도시에서 산다. 도시인에게 자연은 다큐멘터리 소재일 뿐 아무 상관이 없다. 우리는 가산금리, GDP, 유리보Euribor(유로화를 사용하는 유럽연합 내 시중은행 간 금리-옮긴이), 나스닥에 관심이 있다. 이것들은 우리가 알다시피 문명을 멸망시킬 수 있는 것들이다.

다시 한번 강조하지만, 인간이 자연의 범위 밖에 있다는 생각, 이 만연해 있는 생각이야말로 위험하다. 이렇게 짧은 시간에 많은 종이 멸종되리라고는 추정조차 할 수 없었던 결과다. 미국 스탠퍼드대학교 생물학과 교수이자 종 상호작용 전문가인 로돌포 디르조Rodolfo Dirzo는 다음과 같은 연구 결과를 발표했다.

"동식물 생태 변화에 대한 논문 데이터베이스를 분석한

결과 지구에 엄청난 쇠퇴와 멸종 사건이 진행되고 있는데, 이는 생태계의 기능과 문명 유지에 필요한 필수 활동에 부정적 영향을 미칠 것이다. 이른바 '생물학적 절멸'은 인류에게 지구의 여섯 번째 대멸종 사건에 관한 심각성을 지적한다."[11]

그 누구도 흡사 예언자들을 좋아할 리는 없다. 그러나 흘려들었던 예언자, 사람들의 믿음을 얻지 못하면서 불길한 일을 예언하는 카산드라의 예언이 옳았다! 그러니 이제부터라도 우리의 소비가 일으키는 재앙을 인식하면서 개별 행동에 더 주의를 기울여야 할 뿐만 아니라, 극소수의 배를 불릴 목적으로 우리의 공동주택을 파괴하는 개발 모델에는 분노를 금치 말아야 한다.

제5조

식물국가는
깨끗한 물, 토양
그리고 대기권을 보장한다

20세기 초 러시아의 유명 식물학자인 클리멘트 아르카드 예비치 티미랴제프Kliment Arkad'evič Timizjarev는 자신의 저서 《식물들의 생명The Life of the Plant》에서 식물은 태양과 지구 사이의 연결 고리로 여겨져야 한다고 기술했다.

식물이 없다면 태양 에너지가 생명에 필요한 영양소가 되는 화학 에너지로 변환되지 않을 것이다. 그뿐만이 아니다. 식물은 인간이 생산한 많은 유해한 오염 화합물을 흡수하고 분해하면서 근본적이고 지속적인 정화 작업을 수행한다.

그에 반해 인간은 일상적인 활동을 자유롭게 해나가며 불가피하게 우리가 사는 행성의 토양, 물, 대기를 오염시킨다. 그건 그렇다 치고 처음으로 돌아가서, 문제가 무엇인지 되도록 많은 이가 명확히 직시할 수 있도록 논점을 살펴보자.

모든 생물은 생존에 필요한 일정량의 에너지를 몇몇 에너지원에서 얻어야 한다. 지구 행성에 존재하는 에너지의 주요 원천 중 하나이자 지구상 생명체의 진정한 에너지원인 태양 에너지를 집중적으로 들여다보자.

바람, 해류 또는 파도를 생성하는 에너지가 원래 항상 태양에서 파생되었듯이, 석탄이나 석유의 연소에서 얻는 에너지조차 식물이 고정시킨 태양 에너지에 지나지 않는다.

물리학자와 지질학자 들이 이 말을 너그러이 받아들이기를 바라면서 우리가 아는 한, 소소한 예외를 제외하고는 행성의 모든 에너지는 태양에서 비롯한다고 접근해볼 수 있다.

티미랴제프가 자신의 저서에서 언급한 문제의 주요 사

항들을 간략하게 정리해봤으니, 이제부터는 유기체의 생존 보장에 핵심 역할을 하는 식물 이야기를 해보자. 엄밀히 말하면 그는 식물에서가 아니라 녹색 세포에 존재하는 특정 세포소기관, 즉 엽록체에서 지구와 태양 사이의 실제 연결 고리를 확인했다. 티미랴제프는 광합성의 기적이 일어나는 엽록체 없이는 태양 에너지를 당(화학 에너지)으로 변환할 수 없을 것이라고 주장했다.

태양 에너지 덕분에 식물은 광합성 작용을 통해 대기의 이산화 탄소를 고정시켜 고에너지 분자인 당을 생성하고 산소를 노폐물로 배출한다. 지구에서 광합성을 통해 생성되는 평균 에너지양은 약 130테라와트terawatt[1]인데, 이는 인류 문명의 현재 에너지 소비량보다 약 8배 더 많은 양이다.[2] 프리모 레비Primo Levi(1944년 반파시스트 운동에 참여하다 체포된 아우슈비츠 생존자로 이탈리아 현대 문학을 대표하는 작가이자 화학자-옮긴이)는 자신의 저서 《주기율표Il sistema periodico》에서 탄소 순환을 이야기하면서 다음과 같이 기술했다.

"만일 탄소가 우리 주위에서 매주 수십억 톤의 규모로 유기화를 진행시키지 않는다면, 잎이 초록빛을 띠는 현상은 기적이라는 이름에 대한 완전한 권리를 얻을 수 있을 것이다." [3]

이 기적적인 과정 덕분에 생명체는 확산하고 번창할 수 있었다. 광합성은 생화학적 자극에 의해 생산되는 유기물의 총생산, 소위 1차 생산량을 전적으로 맡고 있다. 식물이 생성한 물질의 양은 상상하기 어렵다. 가장 신중한 추정치에 따르면 연간 지구의 탄소 1차 생산량은 104.9페타그램이다(PgC yr^{-1}). 이해를 돕기 위해 설명하면 1페타그램은 1 다음에 0이 15개 붙은 그램 단위의 양으로, 매년 식물에 의해 고정되는 1,049억 톤의 탄소에 해당한다. 이 중 53.8 퍼센트는 육상 유기체가, 나머지 46.2퍼센트는 해양 유기체가 생산한다.[4] 광합성으로 생성되는 이 엄청난 양의 유기물은 지구상 생명체의 엔진이라고 할 수 있다.

화학 에너지를(원한다면 음식이나 석탄 또는 석유 형태로 상상해도 좋다) 식물이 생산하면, 동물체는 그 일부를 연료로 생존을 보장하는 데 필요한 양만큼 사용하는 반면, 인간은 자신들이 개발한 에너지원처럼 이를 남용한다.

이 연료가 탈 때 환경의 균형을 깨고 오염하는 잔류물이 필연적으로 생성된다. 예를 들어 이산화 탄소는 연소가 일어날 때마다 생성된다. 우리 신체 기능에 필요한 에너지를 얻으려고 당이나 지방을 태우든 석유, 가스, 석탄, 나무 또는 원래 광합성으로 생성된 다른 종류의 연료를 태우든 최종 결과는 이산화 탄소 생성이다.

인간은 이산화 탄소를 연간 약 290억 톤 배출하는 데 비해 화산은 2억~3억 톤으로 100배 더 적게 배출한다. 대기에 쌓이는 이산화 탄소는 이른바 온실효과에 따른 지구 기온 상승의 주원인이 된다.

인간 활동, 특히 화석 연료 연소와 삼림 벌채로 산업혁명이 시작된 이래 대기 중 연평균 이산화 탄소 농도가 약 1만 년 동안 안정적으로 유지된 280ppm에서 2019년 현재 410ppm까지 높아졌다. 이는 확실히 지난 80만 년을 통틀어 이산화 탄소 농도가 가장 높은 수치일 것이다. 만일 그렇지 않다면 지난 2,000만 년 중 최고치일 확률이 높다.[5]

분명한 것은 탄소 순환은 방금 개략적으로 살펴본 것보다 복잡하고 지구상 생명체와 관련된 수많은 변수가 얽혀 있다는 사실이다. 예를 들자면, 인간의 활동으로 배출되어 대기 중으로 방출된 이산화 탄소의 전체 할당량이 전부 농도를 높인 것은 아니다. 그중 약 30퍼센트는 바다에 녹아들어 탄산, 중탄산염 그리고 탄산염을 형성한다. 이 해양 할당량은 한편으로는 우리가 대기 중에서 발견할 수 있는 이산화 탄소의 양을 차단하기 때문에 중요하다. 하지만 다른 한편으로는 해양 산성화 현상으로 이어져 산호초 파괴의 원인이 되고 코코리소포어coccolithophore*, 산호, 극피동물echinoderm**, 유공충Foraminifera***, 갑각류와 연체동물과 같은 모든 석회화 해양 유기체의 생명에 큰 영향을 미

* 탄산칼슘 껍질로 덮인 단세포 식물성 플랑크톤 – 감수자
** 해양생물로 극피동물문에 속하며 대부분 몸이 방사대칭. 불가사리, 해삼, 성게 등이 포함 – 감수자
*** 단세포 생물로 탄산칼슘 껍데기가 있는 아메바 원생생물 – 감수자

치고 결과적으로 해양 생태계 전체의 먹이사슬을 위태롭게 한다.

진짜 문제는 특정 지점까지만 탄소 순환이 제대로 작동했다는 데 있다. 한편에서 이산화 탄소가 연소, 소화, 발효 등으로 대기 중에 방출되면, 다른 한편에서는 (이산화 탄소가) 광합성으로 식물에 고정되었다. 이것이 순환이다. 식물이 상당한 양의 이산화 탄소를 거뜬히 흡수해 결국 모든 것을 변함없이 유지할 수 있었다. 수백만 년 동안 이 체계는 시계처럼 정확하게 작동했다. 산업혁명 이전까지는 말이다. 산업혁명과 함께 화석 연료를 사용하면서 대기로 방출되는 이산화 탄소의 양이 엄청나게 많아져 식물이 더는 완전히 고정할 수 없을 정도가 되었다.

지금 무슨 일이 일어나는지 알아보려면 과거로 거슬러갈 필요가 있다. 실제로 꽤 오래전 이야기다. 지구 역사상 이산화 탄소가 경보 단계에 이른 것은 처음이 아니다. 결코 처음이 아니다. 약 4억 5,000만 년 전, 지구의 대기 중 이산화 탄소 농도는 현재의 대기 중 이산화 탄소 농도보다 높은 정점을 찍었다. 아마도 2,000~3,000ppm 정도[6]였을 것이다.

이러한 이산화 탄소 수치에서 최초의 유기체들이 육지에 출현했다. 그들은 아주 높은 온도, 자외선, 강력한 폭풍우, 격렬한 대기 현상 같은 오늘날과는 상당히 다른 환경에서 살았다. 오랫동안 환경은 유기체들에게 적대적이었고, 생존 가능성의 한계치에서 비교적 짧은 시간에 예상하지 못한 일이 일어나지 않은 한, 모든 것을 바꿀 수 없을 것만 같았다. 바로 그때 이산화 탄소의 양이 대폭 줄어들면서 생명체와 함께 양립하는 수준까지 이산화 탄소 농도가 크게 낮아졌다. 도대체 무슨 일이 있었던 것일까?

이 행성의 데우스 엑스 마키나deus ex machina(라틴어로 '기계를 타고 내려온 신'을 뜻하며, 고대 그리스극에서 자주 사용하던 극작술로 초자연적인 힘을 이용하여 극의 긴박한 국면을 타개하고, 이를 결말로 이끌어가는 수법–옮긴이)인 식물은 도저히 탈출구가 없는 상황을 급전환시키면서 해결사로 등장했다. 상대적으로 수백만 년 전 막 태어난 나무숲은 막대한 양의 대기 중 이산화 탄소를 흡수하고 이산화 탄소CO_2의 탄소C를 이용하여 유기물을 생성함으로써 이산화 탄소 농도를 대략 10배 줄였다. 이는 지구 환경에 상당한 변화를 가져왔으며 육상 동물들이 광범위하게 출현하도록 해주었다.[7]

당시 대기에서 제거된 엄청난 양의 탄소는 광합성으로 식물체와 해양 광합성 생명체에 고정된 후 지각 깊숙한 곳에 묻혀 석탄과 석유로 변했다. 공포영화에서 본 것처럼 우리가 이 잠자는 괴물의 단잠을 방해하러 가지만 않았어도 그는 훼손되지 않은 본래 그대로의 무해한 상태로 영원히 그곳에 잠들어 있었을 것이다.

태고의 탄소를 연료로 사용하면서 인간은 현재의 탄소 순환으로는 관리할 수 없는, 막대한 양의 새로운 이산화 탄소를 매일 방출하고 대기 중에 배출되는 이산화 탄소 할당량을 늘림으로써 결과적으로는 온실효과 증폭, 기온 상승 등을 불러왔다.

그렇다면 우리는 무엇을 할 수 있을까? 그동안 수없이 많은 사람이 얘기해온 것처럼 이산화 탄소 배출량을 확실하게 줄이는 것이다. 이것이야말로 옳고 좋은 일이긴 하지만, 솔직히 최근 몇 년간 이 전략의 결과는 신통찮았다.

1988년 12월 6일, 유엔 총회는 '인류의 현재와 미래 세대를 위한 지구 기후 보호' 결의안을 만장일치로 채택했다. 1992년 기후 변화 협약(1992년 브라질 리우에서 열린 '환경 및 개발에 관한 유엔 회의UNCED'에서 세계 185개국이 처음으로 지구 온난화를 방지하고자 기후 변화 협약을 체결했고, 1994년 3월 발효됨 - 옮긴이), 1997년 교토 의정서 그리고 마지막으로 2015년 파리 기후 변화 협약까지 몇 년에 걸쳐 이루어진 전체 프로세스는 이 결의안을 바탕으로 구축되었다.

이러한 활기찬 활동을 펼칠 때는 눈부신 성과를 기대했을 것이다. 하지만 성과는 고사하고 1988년부터 현재까지 프로세스 시작 후 불과 3년 안에만 이산화 탄소 배출량이 전년 대비 감소했을 뿐, 결과적으로 전 세계 연간 배출량은 프로세스가 시작된 시점보다 약 40퍼센트 증가했다. 의도는 좋았지만 이러한 협약들이 여러 가지 난관 또는 의지 부족과 정치의 무능함으로 인해 전적으로 효과를 거두기 어려워 보이는 건 사실이다.

이러한 조약조차 없었다면 상황이 더 나빠졌을지도 모른다고 반론을 제기할 수 있다. 그렇다고 볼 수도 있지만, 과학자들과 환경운동가들이 이산화 탄소의 상승곡선을 하향곡선으로 바꾸려고 노력했음에도 30년 동안 이산화 탄소가 40퍼센트 증가한 것은 결코 좋은 결과라고 할 수 없다.

그렇다면 우리는 또 무엇을 시도해볼 수 있을까? 나에게 좀 더 확실한 대안이 있긴 하다. 그것은 식물에게 다시 맡기는 것이다! 식물은 이미 과거에 대기 중 이산화 탄소의 양을 대폭 줄여 동물들이 지구를 정복하게 해주었다. 식물은 다시 그렇게 하게 할 수 있고 우리에게 두 번째 기회를 줄 것이다. 이를 위해 우리는 식물이 살 수 있는 곳이면 어디든 지구에 식물을 가득 채워야 한다.

그러나 그에 앞서 추가적인 삼림 벌채를 막을 필요가 있다. 삼림 벌채는 우리를 하나의 종으로 생각할 때 결코 우리의 생존과 양립할 수 없다. 이제 우리는 이 점을 즉각

수용하여 지구상에 남아 있는 소수의 큰 삼림을 무슨 수를 써서라도 지켜내야 한다. 삼림 보호는 국제 조약의 논제가 되어야 하고, 최대한 많은 국가(특히 영토 안에 지구상의 주요 녹지(대) 보호 구역이 있는 국가들)에게 동일하게 적용하여 제약해야 한다. 우리의 생존 가능성은 생태계의 남은 기능에 달려 있다.

다시 한번 강조한다. 숲이 충분하지 않으면 이산화 탄소의 증가 추세를 꺾을 가능성이 현실적으로 없다. 삼림 벌채는 반인륜적 범죄로 취급하고 그에 따른 처벌을 해야 한다. 이것이 최선이기 때문이다. 삼림의 무형 자원과 그것을 유지해주는 생명체, 토양, 공기 그리고 물을 그대로 유지해야 할 의무는 우리 식물국가의 헌법뿐만 아니라 모든 국가의 헌법에 들어가야 한다.

우리의 유일한 생존 기회가 식물에 달려 있다는 사실을 학교에서는 학생들에게, 사회에서는 성인들에게 가르쳐야 한다. 영화감독은 이것을 주제로 한 영화를 만들고 작가는 책을 써야 한다. 내가 하는 말이 과장되었다고 생각한다면,

이 삼림 보호 동원 소집을 받았는데도 환경과 숲을 보호하려 자리를 박차고 일어나야 할 진짜 이유를 모르겠다면, 이것이야말로 실재하는 유일한 세계적 비상사태임을 알아야 한다.

오늘날 인류를 괴롭히는 문제 중 상당수는 비록 관련성이 희박해 보일지라도 결국 환경적 위험과 관련이 있으며, 우리가 이 문제를 견고하고 효율적으로 처리하지 않으면 이는 앞으로 다가올 일에 비하면 아무것도 아니라는 사실을 알게 될 것이다.

식물은 우리를 도울 수 있다. 그들만이 이산화 탄소 농도를 무해한 수준으로 되돌릴 수 있다. 우리 도시들은 세계 인구의 50퍼센트(2050년에는 70퍼센트에 도달할 것이다)가 사는 곳이면서 지구상에서 이산화 탄소를 가장 많이 생산하는 곳이기도 하다. 도시들을 식물로 완전히 뒤덮어야 한다. 지정된 공간뿐만 아니라 공원, 정원, 거리, 화단 등 어디에나 말이다. 이를테면 지붕 위, 건물 정면, 길가, 테라스, 발코니, 굴뚝, 신호등, 가드레일 등에도 식물이 자라게 해야 한다.

간단한 한 가지 원칙만 세우면 된다. 식물이 살 수 있는 곳이라면 어디든 식물을 하나씩 두어야 한다. 거기에 드는 비용도 소소한 데다 우리 습관에 어떤 혁명도 요구하지 않으면서 무수히 많은 방법으로 사람들의 삶을 개선할 것이다.

또한 앞서 살펴본 다른 대안들처럼 이산화 탄소 흡수에 큰 영향을 미칠 것이다. 숲을 보호하고 우리 도시들을 식물로 뒤덮고 나면 그 나머지는 오래 걸리지 않을 것이다.

제6조

생명체의 미래 세대를 위해
대체 불가능한
자원 소비는 금지한다

많은 이가 '지구 생태용량 초과의 날'이라고도 하는, 이른 바 어스 오버슈트 데이Earth Overshoot Day(EOD)[1]를 들어보 았을 것이다. 지구의 생태계가 한 해에 재생할 수 있는 자 원의 총생산량을 인류가 모두 소진한 날로서, 이날을 기점 으로 인류는 미래 세대의 생태 자원을 빌려 쓰면서 지구 자원을 침식하며 사는 셈이 된다. 자기 소득으로 행복한 생활을 영위해가면서 모아둔 재산을 한 해 한 해 야금야금 꺼내 쓰다가 어느 날 더는 남은 재산이 없다는 사실을 알 게 된 사람들처럼 말이다.

우리가 우리 행성에서 하는 일도 별반 다르지 않다. 우리는 말 그대로 재산을 들어먹는 중이다. 조금씩, 조금씩, 결국 부족하게 될 것이다. 천재가 아니라도 이 말뜻을 누구나 단박에 알 것이다.

여러 번 말했듯이 우리 행성의 자원은 제한적이다. 피할 수 없는 일이다. 유한차원finite dimension의 행성이 무한한 자원을 제공할 수는 없다. 이것은 논리가 너무 분명하여 누구든 그 중요성과 의미를 파악하기 어려울 리가 없다. 그런데 안타깝게도 지구 인구 대다수는 그렇지 않은 듯하다.

지구의 유한한 자원을 무한한 것처럼 계속 사용하면서 소비할 수는 없다. 조만간 고갈될 테고, 일단 소비되고 나면 그것을 되돌릴 과학기술, 발명, 인공지능 또는 기적 같은 건 없다. 제한된 자원으로 결코 무한한 성장을 유지할 수 없다.

여기서 주의할 점은 내가 말하는 무한한 성장이 인구 증가를 의미하는 것이 아니라, 소비 증가를 의미한다는 사실이다. 지구는 오늘날보다 훨씬 더 많은 인구를 문제없이 수용할 수 있고 2050년경에는 세계 인구가 100억 명을 돌파할 것으로 예상한다. 머지않아 정말 그렇게 될 수 있다. 그러므로 인류는 재생 불가능한 자원의 사용을 대폭 줄이면서 자기 생활방식을 근본적으로 바꿔야 한다.

현재 모든 것이 이와 반대로 나가서 왠지 불길한 생각이 든다. 향후 지구의 인구 증가율은 소비를 크게 늘릴 것이다. 세계은행에 따르면 앞으로 20년 이내에 중산층, 즉 한 달에 소득이 250~2,500유로인 사람들이 현재 20억 명을 밑도는 수준에서 증가하여 약 50억 명까지 이 대열에 합류할 것이라고 한다. 같은 소득계층의 사람들이 과거에 했던 것처럼 정당하게 소비하고자 하는 사람들이 30억 명 더 늘어나는 셈이다.

이 30억 명은 대개 육류, 물, 연료, 금속, 원료를 소비하면서 오늘날 이미 지속 불가능한 소비로 대표되는 지구의 자원 소비량을 엄청나게 높은 정점까지 끌어올릴 것이다. 세계의 수치를 보면, 국내 물질 소비(Domestic Material Consumption, 경제 프로세스에서 사용되는 총 천연자원의 양-옮긴이)

는 2000년에서 2010년 사이에만 약 480억 톤에서 710억 톤으로 증가했다.

인간의 약탈적인 태도가 가져온 결과는 최근 수십 년 간 본격적으로 나타나기 시작했다. 1970년 지구 생태용량 초과의 날, 즉 인류가 지구에서 같은 해에 생산한 자원을 모두 소진한 날은 12월 31일과 일치했다. 1970년까지 인류는 지구가 재생할 수 있는 것만 소비했고, 1970년까지 우리는 지속가능했다.

그러나 1971년에 지구 생태용량 초과의 날은 12월 21일로 당겨졌다. 1980년에는 11월 4일, 2000년에는 9월 23일, 2018년에는 8월 1일까지 왔다. 1970년에는 인류가 지구에 의해 재생될 수 있는 곳에서 살았지만 2018년에는 이 양이 이미 8월 1일에 소진되었다는 것을 의미한다. 2018년 8월 1일부터 같은 해 12월 31일까지 인류는 결코 되돌아오지 않을 자원을 소비하면서 지구 자본을 침식하고 미래 세대의 자산을 끌어다 쓴 것이다.

안타깝게도 미래에 대한 예측은 바뀔 기미가 조금도 보

이지 않는다. 오히려 세계 인구의 중산층 소득이 증가함에 따라 상황은 더욱 악화될 수 있다. 오늘날 지구에 사는 전 세계 인구 전체가 미국 시민의 평균 소비량을 소비한다면, 매년 지구 5개의 자원이 필요할지도 모른다.

전 인류가 이탈리아인처럼 자원을 소비한다면 지구 2.6개 의 자원이 필요하지만, 지구의 주민들이 인디언과 같은 수준으로 자원을 소비한다면 이미 지구에 거주하고 있는 인구의 거의 8배에 달하는 사람들 외에 또 다른 20억 명의 사람들에게 추가로 자원이 충분하게 돌아갈 것이다. 상황이 각기 다르긴 하지만 어쨌든 썩 유쾌하지 않은 결말로 향하고 있다.

한때는 부유했지만 과소비와 현명하지 못한 선택으로 벼랑 끝에 몰린 많은 가족처럼 인류 대가족은 재산을 빠르게 탕진하는 중이며 곧 유쾌하지 않은 상황에 놓일 것이다. 그렇다면 인류가 벼랑 끝에 서 있다는 말은 무슨 뜻일까? 무분별한 자원 소비의 결과는 어떤 것일까? 분명 긍정적인 답변은 아닐 것이다.

1972년 5대륙에 속한 과학자, 경제학자, 국가 원수로 구성된 세계적인 비영리 연구기관인 로마클럽Club of Rome은 매사추세츠공과대학교MIT에 〈성장의 한계에 관한 보고서〉[2]라는 제목의 연구 보고서를 위임했다. 이 연구 보고서는 세상에 발표된 이후 주 저자인 도넬라 메도스Donella H. Meadows의 이름을 따서 메도스 보고서로 더 널리 알려지게 되었다.

예측 모델을 기반으로 한 이 연구는 인구 증가와 그에 따른 소비가 지구 생태계와 인간 종의 생존에 미치는 결과를 설명했어야 했다. 그런데 전혀 예상치 못한 놀라운 결과가 나왔다. 지속성장을 기반으로 한 모든 경제 발전 모델은 천연자원, 특히 가장 중요한 석유의 한계뿐만 아니라 배출된 오염물질을 흡수할 수 있는 지구의 자정능력 한계로 어쩔 수 없이 파국에 이를 예정이라는 것이다.

그 연구에서 도달한 결론은 인구 증가율, 산업화, 환경오염, 자원 남용이 변함없이 지속되는 한 지구는 성장의 한계에 도달할 테고, 유한한 환경에서 현재의 성장 추세가 계속된다면 (1972년부터 시작하여) 향후 100년 안에 지구의 인구와 산업 능력이 급격한 감소세를 보이며 파국에 이를 수 있다는 것이다.

1956년 미국 지질학자 매리언 킹 허버트Marion King Hubbert는 물리적으로 한계가 있는 모든 광물자원 또는 화석자원의 진화에 관한 예측 모델을 개발했다. 이 모델에 따르면, 시간에 따른 원유채굴을 설명하는 곡선은 반드시 종형곡선bell curve(허버트곡선)을 보일 것이다. 이러한 유형의 곡선을 보이는 것은 자원의 유한성 때문이다.

허버트에 의하면, 어떤 천연자원이든지 발견된 후에는 다음 네 단계가 뒤따를 것이다.

①자원 생산이 급속히 확장되는 첫 번째 단계로, 일단 자원이 발견되면 양이 풍부하여 적당한 투자와 노력으로 잉여가 있을 수 있다. 이 단계에서 생산량은 기하급수적으로 증가한다.

②쉽게 추출할 수 있는 자원이 고갈되면 자원을 활용하기 위해 투자 증가가 필요해진다. 생산량은 계속 늘어나지

만 첫 번째 단계만큼 기하급수적이지는 않다.

③ 점진적인 고갈은 더는 지속가능하지 않을 정도로 막대한 투자를 요구한다. 생산량은 최대치(허버트 피크Hubbert Peak)에 도달한 뒤 감소하기 시작한다.

④ 마지막 단계로, 자원의 잔여분을 추출하기가 점점 더 어려워지고 비용이 많이 들기 때문에 자원이 사라질 때까지 가용성이 감소한다.

1956년 허버트는 미국 본토에 있는 48개 주를 대상으로 자신의 모델을 석유 생산에 적용하면서, 1970년경 석유 생산량이 최고조에 달할 것이고 그 이후에는 급격히 줄어들 것이라고 예측했다. 허버트의 예측에 따른 생산량 감소는 정확히 1971년 시작되었다.[3]

오늘날 우리는 이 종형곡선이 석유, 석탄 또는 기타 화석 연료와 같은 자원들뿐만 아니라 모든 광물[4]이나 재생 불가능한 자원, 심지어 많은 경우에는 느리게 재생 가능한 자원(예: 고래기름[5])의 가용성 추세를 설명한다는 것으로 알고 있다.

대부분의 연구는 우리의 경제 모델과 과학기술을 지원하는 많은 주요 자원이 이미 고갈 시점에 임박했다고 밝히고 있다. 석유는 2030년 이전, 구리는 2040년경, 알루미늄은 2050년, 석탄은 2060년, 철은 2070년 그리고 기타 여러 천연자원이 감소하기 시작할 것이다.[6] 숲,[7] 토양[8] 또는 생물 종[9]의 수(이른바 생물다양성) 등 우리 생존에 필수적인 자원들이 무분별한 소비로 어느 순간 돌이킬 수 없는 시점에 이를지 상당히 불확실하다.

어쨌든 장밋빛 미래는 전혀 아니다. 앞서 언급한 메도스 보고서에 따르면, 1972년 자원 감소로 경제적·환경적·사회적 조건이 무너지면서 인구는 머지않아 80억 명에서 60억 명으로 감소할 것이라는 사실을 다시 한번 기억해두는 것이 좋다. 당시에는 그러한 재앙적 예측이 지나치게 비관적이고 신뢰할 수 없다고 일축했을 것이다.

우리가 미래에 성취할 과학적 진보에 대해 저자들은 무엇을 알고 있고 그것을 어떻게 생각할까? 우리가 미래에 성취할 과학적 진보는 현재의 과학기술을 완전히 무용지물로 만들 수 있다. 그뿐만 아니라 과학적 진보에 따른 에너지 효율성이 높아지면 재생 불가능한 자원에 의존할 필요성이 크게 줄어든다고도 한다. 아무도 미래를 정확히 예측할 수 없다. 우리는 로마클럽 카산드라들의 파국적 예측을 걱정하지 않고 강 건너 불구경하듯 한다.

미래의 성장이 예상치 못한 방식으로 자원 소비에 영향을 미칠 것이라는 주장은 매우 합리적으로 보이긴 했다. 그렇게 믿었음에도 상황은 사람들 예상을 빗나갔다. 메도스 보고서가 발간된 지 47년이 지난 오늘날, 주요 매개 변수의 상황을 시뮬레이션한 결과가 실제와 매우 유사하다는 것을 발견했다. 실은 데칼코마니처럼 딱 들어맞는다.

지난 50년 동안 이룩한 엄청난 과학적·기술적 발전에도 불구하고 1972년 수행된 시뮬레이션에서 예상한 대로 전체 시스템이 정확하게 작동되고 있다.[10] 우리가 불가능하다고 생각한 그 예측이 맞았다. 50년 동안의 과학적 진보로 개선된 것은 없는 듯하다.

자원이 부족해 파국으로 치달을 것을 설명하는 종형곡

선의 이 같은 불변성을 입증해줄 것은 없을까? 이는 제번 스의 역설Jevons Paradox에서 부분적으로 찾아볼 수 있다.

1865년 영국 경제학자 윌리엄 스탠리 제번스William Stanley Jevons는 시간이 지남에 따라 과학기술이 발달해 석탄 사용의 효율성이 높아지면, 석탄 사용량이 줄어드는 것이 아니라 경제 성장을 자극해 오히려 소비 증가로 이어지는 모순을 지적했다. 제번스의 저서를 보면 이 역설에 대한 설명이 생각보다 훨씬 간단하다. 기술 진보나 자원 사용을 규제하는 정책들이 어떤 식으로든 자원의 에너지 효율성을 높여서 어떤 용도로든 사용되는 자원량을 줄이면, 결과적으로 자원 소비율은 수요 증가로 인해 감소하기보다는 증가한다는 것이다.

제번스의 역설은 완벽한 연구 결과를 도출했음에도 그 역설의 역설로 전 세계 정부들뿐만 아니라 많은 환경운동가에 의해 완전히 무시당하고 있다. 사람들은 일반적으로 효율성이 향상되면 자원 소비가 줄어들 거라고 확신했다. 하지만 로마클럽의 예측이 타당했음이 입증되었듯이 진실은 완전히 다른 결과를 보여주게 된다.

분명한 사실은 식물에게는 이러한 문제들이 없다는 것이다. 식물의 성장은 자원의 가용성을 고려하기만 하면 된다. 식물계는 사용 가능한 자원량에 따라 가능한 한 성장하는 단순한 규칙을 따른다. 자원이 부족해지면 식물 성장은 감소한다는 의미다. 자원이 제한된 환경에서 무한 성장이 가능하다는 미친 생각은 인간만 할 뿐이다. 인간을 제외한 나머지 생명체는 현실적 패턴을 따른다.

토양에 뿌리 내린 식물은 영양자원 또는 수자원을 공급하기 위해 뿌리가 탐색할 수 있는 토양의 용적, 그 안에서 이용할 수 있는 영양분에만 의존한다. 식물은 영양분이 부족할 때 동물이 하는 것처럼 착취할 새 영토를 찾으러 돌아다닐 수 없기에 유한한 자원으로 함께 살고 성장을 조절하는 법을 배웠다. 영양분 또는 물이 부족하면 식물은 바뀐 조건에 적응하면서 자기 조직을 실질적으로 변모시킬 수 있다.

첫 번째 대응책은 신체 크기를 줄이는 것이다. 분재에서 볼 수 있듯이, 식물의 왜소 성장은 주로 자원이 극도로 제한된 환경에서 일어나는 현상이다. 동물은 이러한 일을 절대 할 수 없다. 먹을 것이 적다 하더라도 크기가 작아지지 않는다. 이러한 특권은 식물의 전형이자 식물이 뿌리를 내리는 데 기능적 역할을 한다.

식물체의 유연성은 타의 추종을 불허한다. '표현형 적응성phenotypic plasticity'은 이러한 능력을 설명하는 전문 용어다. 식물들은 크기를 줄이고, 가늘어지고, 휘감고, 휘어지고, 올라가고, 기어가고, 몸의 모양을 바꾸고, 성장을 멈추는 등 가능한 한 가장 안정적으로 환경과 균형을 유지하려고 필요한 것은 무엇이든 한다. 우리에게 시급하게 처리해야 할 일이 생길 때, 어쩌면 식물 친구들의 행동에서 영감을 얻을 수도 있다.

제7조

식물국가에는 국경이 없다.
모든 생명체는 자유롭게 통과하고
이동하며 어떠한 제한 없이
그곳에서 살 수 있다

우리에게는 린네로 더 잘 알려진 칼 폰 린네Carl von Linné는 위대한 스웨덴 식물학자이자 자연주의자로, 모든 살아 있는 종을 이명법*으로 분류한 사람이다. 린네는 단순한 과학적 필요성을 넘어 종을 완벽하게 식별하려면 살아 있는 유기체를 분류하고 정확하게 설명해야 할 필요성을 느꼈다.

린네는 이름을 통해 사물들을 알 수 있다고 말했다. 그가 틀렸다고 할 수 있을까? 린네는 이렇게 말하곤 했다. "사물

---

* 생물종을 명명하는 공식적인 체계로 두 개의 이름, 즉 속명과 종소명으로 된 학명 ─ 감수자

의 이름을 모른다면, 그것에 대한 지식 역시 잃어버릴 것
이다Nomina si nescis, perit et cognitio rerum."

따라서 제2의 아담으로 불리는 린네는 각각의 생명에 두
이름을 부여하는 엄청난 작업에 전념했다. 첫 번째 이름
은 특정 종이 속한 속을 말하고 두 번째 이름은 특징을 설
명하는 종소명이다. 예를 들어 호모 사피엔스Homo sapiens는
우리가 속한 종명이다. 호모Homo는 속을 나타낸다. 오늘날
우리는 호모속 중 유일하게 살아 있는 종이지만, 과거에는
호모 에렉투스Homo erectus, 호모 하빌리스Homo habilis, 네안
데르탈인Homo neanderthalensis, 호모 하이델베르겐시스Homo
heidelbergensis 등과 같은 많은 유명 대표주자로 분류되었다.

호모라는 속명 다음에 오는 우리 종의 이름은 '지혜롭
다'는 뜻의 사피엔스sapiens로, 우리는 그 종소명에서 우리
를 다른 종과 구별해주는 주요 특징을 추정할 수 있다.

린네는 분류가 중요했기에 종에 대한 설명에 국한하지
않고 자연계의 모든 생물군을 분류했다. 그리고 자신의 저
서 《자연의 체계Systema Naturae》의 12판 중 하나의 속표지

에 우리가 어려서부터 배워 아는 자연계를 그 유명한 세 가지 계인 광물계, 식물계, 동물계로 세분했다.

린네가 설명하는 이러한 계의 특징이 어떤 것인지 살펴 보는 것은 흥미로운 일이다. 그것은 다음과 같다.

1. Lapides corpora congesta, nec viva, nec sentientia:

   돌: 육중한 물체로, 살아 있지도 않고 지각능력도 없다.

2. Vegetabilia corpora organisata e viva, non sentientia:

   식물: 살아 있는 조직체로 지각능력이 없다.

3. Animalia corpora organisata, viva et sentientia, sponteque se moventia:

   동물: 조직적이고 살아 있으며 지각능력이 있는 몸으로 자발적으로 움직인다.

그것은 자연계를 네 단으로 구분한 아리스토텔레스식 표현이다(분류체계로 분류한 생물 분류학의 시초로, 종개념을 처음 도 입하고 교목, 관목, 초본으로 구분해 식물 분류를 처음으로 시도-옮긴이). 맨 아래 단에는 그저 존재하기만 하는 돌이 있었다. 두 번째 단에는 살아 있지만 지각능력이 없는 식물이 있었다. 세 번째 단에는 살아 있고 지각능력이 있으며 자발적으로 움직이는 동물이, 마지막으로 가장 꼭대기인 네 번째 단에는 다른 동물들이 갖는 특징들 외에 지성을 겸비한 인간이 있었다.

이 분류체계는 오래된 데다 완전히 틀렸지만 자연계를 돌에서 사람까지 올라가는 계단으로 구분하는 것은 오늘날까지도 인간이 다른 생물들을 인식하는 방식을 표현한 것과 같다. 이러한 생명체에 대한 잘못된 인식이 우리 행동에까지 영향을 미쳐 잘못된 방향으로 인도한다.

예를 하나 들어보자. 린네에 따르면 식물과 동물 사이에는 차이가 있다. 동물은 식물과 달리 두 가지 근본적 특징인 주변 환경을 인식하는 능력과 동일한 환경에서 자발적으로 움직이는 능력을 부여받았다. 하지만 린네와 함께 우리 모두가 동물의 특징으로 믿는 이 두 가지 특징이 식물에도 있음을 쉽게 입증할 수 있다.

식물이 동물보다 전적으로 우월한 지각능력을 부여받았다는 것은 이제 완전히 증명되었다. 식물은 주변 환경의 빛, 온도, 중력, 화학적 기울기chemical gradient, 전기장, 감촉, 소리 등과 같은 여러 매개 변수를 인식할 정도로 매우 민감하다. 이같이 높은 민감도를 보이는 이유는 린네가 식물을 구별한 두 번째 특징인 움직임 부족과 부분적으로 관련이 있다.

내 책을 읽은 이라면 알 것이다. 내가 이전 책에서 기술한 바와 같이 실제로 식물은 많이 움직인다. 단지 동물보다 시간이 더 오래 걸릴 뿐이다. 동물과 비교했을 때 식물의 삶의 특징은 자신이 태어난 곳에서 평생 이동할 수 없다는 점이다. 다시 말해 땅에 뿌리를 내리는 것이다. 뿌리는 동물과 식물의 큰 차이점이다. 식물은 자신의 환경에 변화가 생겨도 도망칠 수 없기에 생존을 위해 반드시 동물보다 더 민감해야 한다.

이탈리아어로 동물을 뜻하는 '아니말레animale'는 이름 자체에 그들의 주요 특징인 아니마토animato(이탈리아어로 활발하다는 뜻-옮긴이), 즉 움직임이 내포되어 있다. 일반적으로 동물은 문제가 더는 존재하지 않는 곳으로 이동하고 움직임으로써 문제를 해결한다. 식물은 그렇게 할 수 없다. 식물은 동물처럼 문제를 피할 수 없으므로 문제를 무조건 해결해야 한다. 태어난 곳에서 이동하지 않고 스스로 방어하고, 부양하고, 번식해야 한다.

식물의 몸은 동물과 다르게 구성되어 있다. 동물의 경우 기능들이 특정 기관에 집중되어 있는 데 반해, 단독·이중 기관 없이 반복되는 모듈로 구성된 식물은 기능들이 전신에 분산되어 있다. 식물의 내부 구조는 동물의 중앙 집중식 신체에 비하면 가히 혁명적이다.[1]

그러나 식물의 삶에는 우리가 상상도 할 수 없는 부분이 있다. 그것은 여행하며 자신의 지리적 범위를 확장하는 능력이다. 식물 개체들은 고착생활을 하기 때문에 대대로 새로운 영토를 정복하는 데서는 유목생활과 모험을 즐긴다. 우리가 고정되어 정착생활을 하는 것으로 여기는 살아 있는 유기체에 대한 일종의 역설이다.

우리 생각과 다르게, 자기 존재를 확장해가려는 삶의 저항할 수 없는 충동으로 장벽을 넘어 멀고 험난한 영토를 식민지화한다. 인간 집단 이주를 부추기는 것과 동일한 힘과 동등한 결정권이 동물이든 식물이든 할 것 없이 모든 생물에게 어떻게 작용하는지 관찰하는 것이 중요하다.

이러한 억제할 수 없는 힘 가운데 주된 것은 의심할 여지 없이 종이 사는 환경을 바꾸는 힘이다. 그리고 이 힘 중에서 오늘날 단연코 다른 무엇보다 중요한 것은 지구온난화다. 지구의 변화에 종들은 이주로 반응한다.

내가 보기에는 지구온난화가 가져올 결과를 모든 이가 극적으로 받아들이지 않는 것 같다. 내가 사는 도시 피렌체에서는 지난 5년간 매해 토네이도나 허리케인 또는 이와 유사한 재해가 한두 건 발생했는데, 이는 피렌체 역사상 유례없는 일이라고 자신 있게 말할 수 있다. 지금껏 나는 이탈리아에서 극심한 기상 이변으로 엄청난 양의 나무가 쓰러진 것을 본 적이 없고, 올리브나무가 수십 년 전에는 오늘날보다 한 달 늦게 꽃을 피웠다. 모든 것을 미루어

볼 때, 둔감한 사람들조차 의식할 정도로 거시적 현상이다.

이제부터라도 지구온난화에 조금만 관심을 기울여보자. 실제로 우리에게 지구온난화는 '그저 엄청나게 성가신 것' 정도일 것이다. 심지어 어떤 이들은 지구온난화의 긍정적 측면을 이야기한다. '겨울은 더 온난하고 여름은 길어진다'는 식의 의견을 내놓으면서 말이다.

그러나 수백 킬로미터만 이동해보자. 지리적 위치 때문에 기후변화에 더 민감한 지역에서는 이러한 멈출 수 없는 힘의 재앙적 영향을 명확하게 확인할 수 있다.

예를 들어 아프리카의 광범위한 지역에서 지구온난화의 결과는 논쟁할 여지가 없을 정도로 너무나 명백하고 극적이다. 역설적이게도 이탈리아와 거의 같은 위도상에 있는 아프리카에는 치명적인 영향을 미친다.

최근 수십 년 동안 홍수와 극심한 가뭄이 번갈아 발생하면서 강수량 분포를 근본적으로 변화시켜 농업에 타격을 줌으로써 전 인구의 생존에 영향을 미치는 것이다. 하천이 말라가고 수많은 수로의 원천인 킬리만자로 빙하가 1912

년 첫 측정(때)에 비해 82퍼센트 줄어들면서 사실상 소멸되었다.[2] 여기에 이주로 이어지는 억제할 수 없는 힘이 작용한다.

그러나 지구온난화가 인간의 생존 기회에만 직접적으로 악영향을 미치는 것은 아니다. 간접적으로도 영향을 미치면서 폭동, 분쟁, 전쟁을 일으킨다. 2013년 프린스턴대학교의 솔로몬 시앙Solomon Hsiang은 캘리포니아대학교 버클리캠퍼스의 에드워드 미구엘, 마셜 버크와 공동으로 기원전 1만 년 전부터 지금까지 45건 이상의 분쟁을 분석하면서 평균 강수량과 평균 기온의 편차가 어떻게 충돌 확률을 높이는지 체계적으로 증명했다.[3]

경제적 생산성 감소, 부의 불평등한 분배, 정부 기관들의 권력 약화 등 분쟁을 촉발하는 원인은 무수히 많고 모두 예측하기 쉬운 문제들이다. 하지만 이 문제들의 주요 원인은 기후변화로, 경제적 생산성에 부정적인 영향을 미친다. 따라서 우리가 '경제적 이주민'이라고 부르는 사람 중 상당수는 결코 이렇게 불려서는 안 된다. 그들은 '기후 이주민'이라고 정의하는 게 더 정확할 뿐 아니라 난민에 해당한다.

국제이주기구IOM는 이주자들을 "주로 갑작스럽거나 점진적인 환경변화로 부정적 영향을 받았기 때문에 일시적으로 또는 영구적으로 거주지를 버리지 않을 수 없어서 자국 내로 또는 해외로 이동하기로 선택한 사람이나 그 집단"으로 정의한다.[4]

1938년 서방 동맹국들은 당시 유럽 난민 문제를 논의하기 위해 프랑스 에비앙에서 회의를 했다. 회의 주제는 독일의 유대인에 대해 어떻게 대응해야 하느냐는 것이었는데 아무것도 하지 않는 것으로 결론을 내렸다. 어떤 국가도 유대인 난민을 선뜻 받아들이려 하지 않았다. 안전한 국가로 입국한 사례는 몇 건에 지나지 않았고 유대인은 갈 곳을 잃었다.

오늘날 우리는 똑같은 범죄를 저지른다. 사하라 이남 아프리카 국가에서 온 난민의 이주를 막으면서 자연에 반하는 범죄를 저지른다. 이주는 인권이 되어야 한다. 세계인권

선언 제14조에 다음과 같이 명시되어 있다. "모든 사람은 박해를 피해 다른 나라에서 피난처를 구할 권리와 그것을 누릴 권리를 가진다."

이것으로는 충분하지 않다. 박해에 대응하여 이주할 권리를 갖는 것만으로는 충분하지 않다. 우리는 항상 그 권리를 가질 수 있어야 한다. 한 장소에 머무르는 것은 자신의 생존 가능성에 대해 타협하는 것을 의미한다. 동물도 이주하고 식물도 이주한다. 이주하는 것은 자연(계)의 생존 전략이다. 따라서 이주를 방해하는 것은 인간 존엄성을 제한하는 것으로 취급되어야 한다.

그럼에도 불구하고 이주가 제한받는 경우는 훨씬 더 많다. 이주는 생명의 본질이다. 살아 있는 유기체의 확산은 제한될 수 없다. 우리 인간종은 어떠한 제약을 받지 않는 개개의 자유로운 이동은 물론이고 침습적이고 유해한 종을 포함한 다른 생명체들과도 함께 이동하고자 하는 마음이 크다. 이주 욕구가 없었다면 우리는 확산되지 않았을 것이다. 하지만 오늘날 우리는 윤리적·도덕적인 문제를 차

치하고, 단지 우리의 자연적인 생존 기회를 제한하기 때문이라면서 이주가 금지되어야 하는 것을 당연시한다.

이런 말을 들어본 적이 있는가? 열대성 종들은 특히 끊임없이 증가했다. 이탈리아에서는 지난 30년 동안 '외래종' 수가 96퍼센트 증가했다.[5) 물고기, 식물, 곤충, 조류algae, 파충류, 새 들은 평온하게 이주한다. 그들에게는 비자와 체류허가증이 필요하지 않으므로 생존할 확률이 가장 높은 곳으로 이동한다.

그래서 오늘날 우리는 이탈리아 북부 노바라에서 아프리카검은따오기sacred ibis를, 피렌체에서 초록색 앵무새를, 지중해에서 스코피온피쉬scorpionfish*를 보게 된다. 게다가 우리는 광합성 색소로 광합성하는 단세포 조류unicellular algae에서 거대한 나무에 이르기까지 무수히 많은 식물종도 보게 된다. 이들은 모두 기후변화에 따라 조용히 이동한 것이다.

---

* 스코파에니다에Scorpaenidae과에 속하는 어류 – 감수자

수목 종들의 경우, 점점 더 뜨거워지는 환경의 압력을 이기지 못하고 사는 곳의 고도를 높이고 있다. 스페인 카탈루냐에서는 유럽너도밤나무*Fagus sylvatica* 개체수와 호랑잎가시나무*Quercus ilex* 개체군이 평균 기온이 상승함에 따라 서식지를 빠르게 변화시키고 있다. 호랑잎가시나무는 일반적으로 유럽너도밤나무 숲이 차지하고 있던 고도까지 도달했다. 그러자 이번에는 유럽너도밤나무가 이전에는 엄두도 못 낼 정도로 더 높이 이동했다.[6]

스웨덴에서는 지난 50년 동안 독일가문비나무*Picea abies*의 개체군이 약 250미터 높이까지 올라갔으며, 1955년까지 해발 1,095미터 이상에서 단 하나의 표본도 알려진 바 없었던 털자작나무류*Betula pubescens* ssp. *tortuosa*는 오늘날 일반적으로 1,370미터에서 1,410미터 사이의 고도에서 자란다.[7]

지구온난화와 관련하여 산림 개체군들의 획기적 이동을 보여주는 연구가 수천 건 있다. 산림 종의 이주를 파악하는 것은 지구 숲의 미래를 예측하는 데 중요하다. 기후

변화가 우리 숲이 이동할 가능성보다 더 빠르다면 그 결과는 비극이 될지도 모른다. 이러한 비상사태에서 종들이 이용하는 가장 중요한 생존 전략인 '이주'로도 지구온난화에 대처할 수 없음을 의미한다.

이 같은 전략은 식물 스스로 더 나은 가능성을 보장하는 환경으로 이동할 수 없는 경우, 인간이 '인위적으로 서식지를 이주'시키자는 제안이 있을 정도로 매우 중요하다. 식물이 새로운 지역을 식민지화하기를 바라며 산림 종들을 새로운 서식지로 옮기는 것이다.

식물의 입장에서 볼 때, 최종 결과를 예측하기가 어려운 이러한 작업에 참여할지를 식물들에게 물어보지도 않고 인간이 임의로 내놓은 해결책을 따르게 한다는 점에서 이 세계에 대한 불쾌한 불신감이 남아 있을 것이다. 그럼에도 나는 그런 식물을 사랑한다.

제8조

식물국가는 공존과 성장의 도구로
생물의 자연 공동체 간
상호부조를 인정하고 지지한다

자연(계)에는 강자의 법칙이 적용된다는 단순하고 구시대적인 개념을 기반으로 우리는 흔히 자연(계)의 관계가 어떻게 작동하는지 생각한다. 이른바 정글의 법칙이 엔진이 되고, 이로써 최고들이 선택된다고 믿는다. 그들은 자신에게 능력이 있다는 것을 행동으로 보여주었기에 명령할 권리가 있는 자들이다.

자연을 단 한 명만 남을 때까지 싸우는 경기장처럼 생각하는 이러한 시각은 자연 공동체의 기능에 대해 심각하게 무지해서 벌어진 결과다. 그리고 다윈의 진화론이 이 어리석은 생각을 과학적으로 뒷받침하는 데 인용되는 것은 매우 부적절한 일이다. 인간의 독창성이 만들어낸 뛰어난 작품들 중 하나인 진화론을 몇 줄로 요약해서 말하기는 쉽지 않다. 다윈이 진화론에서 진화에 대한 모든 것을 입증해보이고자 한 시도였는데, 가장 적합한 자의 생존이 가장 강하고, 가장 지적이고, 가장 크거나 가장 무자비한, 최고인 자의 생존으로 왜곡되었다.

다윈의 진화론은 정글의 법칙을 뒷받침하는 것이 결코 아니다. 다윈은 가장 적합한 자들이 어떤 특징을 가지고 있어야만 하는지 예측 불가능하기 때문에 그것에 대한 목록을 전혀 만들지 않았다. 이러한 특징들은 환경과 상황의 무한한 가변성에 좌우되므로 결코 동일할 수 없다는 사실을 보여주는 것이다.

다윈의 진화론을 적용하여 '최고'를 가장 강하거나 교활한 자와 동일시하고 생존 투쟁은 자비 없는 투쟁이라는 식으로 논란의 여지를 남긴 일부 해석자들, 우리가 이른바 '사회적 다윈주의자Social Darwinists'라고 일컫는 자들은 진화론의 품격을 떨어뜨리는 행위를 하고 있다고 봐야 한다. 이들 중에서 우생학優生學, eugenics(유전학의 한 분야로, 유전 법칙을 응용해 인간 종족의 개선을 연구한 나치 홀로코스트의 기반이 되는 학문—옮긴이)의 창시자 프랜시스 골턴Francis Galton, 토머스 헉슬리Thomas Henry Huxley 등은 19세기 말 다윈의 견해를 끔찍한 인종차별주의 이론이나 사회적 불평등의 정당화를 뒷받침하는 사회학적 열쇠로 이용했다.

헉슬리의 경우 1888년 진화론의 기둥 중 하나인 가장 적합한 자의 생존을 순수한 경쟁으로 변형시킨 논문[1]을 발표했다. 헉슬리의 논문 내용은 다음과 같다.

"도덕론자로서 보면 동물의 세계는 검투사들이 보여주는 쇼와 거의 같은 수준이다. [⋯] 그 싸움에서는 가장 강하고 가장 빠르고 가장 교활한 자들이 살아남아 그다음 날에 또 싸우게 된다. 패자에게는 아무런 자비도 베풀어지지 않으므로 관객은 손가락을 아래로 내려 죽이라고 표시할 필요도 없다."

헉슬리에 따르면, 고대 인간 공동체 사이에서도 그와 같은 일이 일어났다.

"가장 약하고 가장 어리석은 종들은 궁지에 빠지지만, 어떤 의미에서 최상은 아닐지라도 환경에 맞서 가장 잘 적응한, 가장 강하고 영리한 종들은 살아남았다. 삶은 끝없이 계속되는 투쟁이고 가족이라는 제한적이고 일시적인 관계를 넘어서 각자가 만인에게 맞서 벌이는 홉스적 의미(자연 상태는 만인의 만인에 대한 투쟁-옮긴이)의 전쟁이야말로 정상적인 존재의 상태다."

헉슬리를 시작으로 이후 많은 사람들은 무력 사용에 기반하지 않는 생물들 간의 관계를 설명하려는 시도를 조롱했다. 이 원시적이고 잔인한 세계관은 시간이 지남에 따라 너무 널리 퍼져서 이제는 실재로 인식된다.

경제 시장, 국가 정치, 노동 환경, 심지어 스포츠와 학교 등의 분야에서도 '정글의 법칙'이 통용된다. 이것이 생물들

간의 관계를 이해하는 거의 유일한 방법이다. 힘의 논리가 지배하지 않는다고 주장하는 사람들은 이상주의자 취급을 받았다. 그저 유쾌한 철학적 토론으로 시간을 메우려고 한다면 모를까, 권력 관계로만 지배되는 현실 세계와는 지나치게 동떨어진 얘기라는 것이다.

그렇지만 이 모든 것에서 진실은 아주 적은 부분을 차지한다. 다윈은 가장 적합한 자의 생존이 잘못 이해되지 않도록 주의를 기울였다. 정글의 법칙은 모험 소설이나 다큐멘터리에서 포식 부분을 다루기에는 좋은 아이디어지만 생물들 간 관계를 이끄는 규칙들과는 관련이 없다.

'큰 물고기가 작은 물고기를 잡아먹는 것'이라는 유아적 표현으로 자연 관계를 말하는 것은 잘못된 일일 뿐만 아니라 순진하기 짝이 없는 생각이다. 살아 있는 존재들 사이의 관계는 사회적 다윈주의자들이 상상하는 단순한 경쟁과는 매우 다른 힘에 의해 지배되며 믿을 수 없을 만큼 복잡하다. 이를 주장한 사람들 중 진화를 생존경쟁으로만 해석한 헉슬리의 단순한 논문에 반박한 철학자이자 과학자,

무정부주의 이론가인 표트르 알렉세예비치 크로포트킨Pëtr Alekseevič Kropotkin이 있는데 그는 '상호부조mutual aid'를 제창했다.

1902년 크로포트킨은 자연사의 사례들을 바탕으로 실제로 종의 성공을 결정하는 요인이 경쟁이 아닌 협력, 정확하게 말해 '상호부조'라고 주장한 유명한 논문《진화의 요인으로서 상호부조론》*을 출판했다. 크로포트킨은 헉슬리의 논문과 상반되는 주장을 하면서 개체들의 협력 능력이 진정한 진화의 엔진임을 규명했다. 사회적 다윈주의자들과 반대되는 논문이었다.

그럼 누구 말이 맞을까? 크로포트킨일까? 아니면 헉슬리일까? 협력이나 경쟁이 생물의 운명을 결정하는 진정한 추진력일까? 언뜻 보기에는 쉽사리 대답하기 어려운 질문인 듯하다. 협력과 경쟁은 공존하고, 둘 중 누가 항상 확실하게 우위에 있는지 가리는 일은 쉽지 않다. 그럼에도 협

---

* 국내에서는 《만물은 서로 돕는다》라는 제목으로 출간되었다. —편집자

력이 더 높은 발전력을 가지고 있다는 것은 사실이다.

헉슬리와 크로포트킨 중 후자가 옳다는 것은 분명하다. 그리고 내가 그 선택을 한 것이 이 과학자에 대한 개인적 공감 때문이라고 사람들이 생각하지 않도록, 이 진술이 우리가 사랑하는 식물국가에서 주로 비롯되었다는 확실한 증거들을 찾아보려 노력할 것이다.

자연의 체계를 지배하는 무수히 많은 관계를 살펴보면 모든 곳에서 상호부조를 보게 된다. 오늘날 그것은 '공생'이라고 불리는데, 1960년대 생명체의 성장에 대한 근본적 중요성을 발견한 뛰어난 과학자 린 마굴리스Lynn Margulis가 이를 주장했다. 그의 이론은 진정한 혁명이었다. 마굴리스에 따르면, 진핵세포는 원핵세포들 사이의 공생관계가 진화한 결과에 지나지 않는다. 이 진술의 엄청난 가치를 이해하려면 적어도 원핵세포와 진핵세포를 구별하는 특징이 무엇인지 정도는 간략하게 설명할 필요가 있다.

원핵세포는 세포 내부에 어떠한 소기관도 없다는 것이 주요 특징이다. 각각의 단일 세포는 세포 안이 구획되어 있지 않으며 세포질을 둘러싸고 있는 세포막으로 구성된 작은 방이다. 그와 반대로 진핵세포, 즉 동물뿐만 아니라 식물도 형성하는 이 세포는 각각 특정 대사 기능에 전념하는 막으로 구분된 세포소기관들을 가지고 있다. 이 중 가장 중요한 것은 핵('진핵생물'이라는 용어는 '진짜'라는 의미의 고대 그리스어 εὖ와 '핵'이라는 의미의 κάρυον에서 유래)으로, 그 안에는 DNA를 품고 있다.

이 두 가지 기본 세포 유형의 차이점을 알아보았으니 이제 마굴리스 얘기로 돌아가보자. 1967년[2] 마굴리스는 국제 과학계에 진핵세포 내부에 있는 엽록체(식물의 광합성 담당)와 미토콘드리아(호흡 담당) 같은 일부 기본적인 세포소기관이 오래전 공생의 결과라는 이론을 발표한다. 광합성에 특화되고 호흡에 특화된 원핵세포들이 그보다 차원이 더 높은 세포에 들어가 공생관계를 형성했으니 서로에게 유익한 거래였다.

더 큰 세포는 유기 분자와 무기질을 제공하고 그것을 제공받은 더 작은 세포는 에너지를 제공할 것이다. 그렇게 해서 오늘날 진핵세포의 먼 조상이 되는 거대 원시 진핵세포가 탄생했을 것이다. 두 유기체 간에 공생관계를 유지하기 때문에 정확히 공생이라고 불리다가 하나의 세포 안에 다른 세포가 들어가 살면서 나중에 '세포내 공생설 Endosymbiosis theory'로 명칭이 바뀌었다.

이 이론이 광범위하게 검증되자 마굴리스는 공생이 새로운 생명을 낳는 원천임을 강조하고 공생진화론을 주장하면서 사회적 다윈주의자들의 점진적인 진화의 기초를 흔들었다. 이것이 상호부조의 가능성을 보여주는 멋진 일로 보이지 않는가? 단순한 유기체들은 완전히 다른 새로운 유형의 세포에 합류하면서 생명을 불어넣었다. 그렇게 서로 성질이 다른 다양한 구성 요소가 합쳐지자 식물과 동물조직의 기초가 될 정도로 그 기능이 훨씬 우수해졌다.

그러나 아직도 확신이 서지 않는다면 뒷받침해줄 증거가 충분하니 인내심을 갖고 귀 기울여주길 바란다. 잘 알려지지 않은 특별한 유기체인 지의류(주로 땅 위를 옷처럼 덮고 있다고 하여 지의류地衣類라고 함-옮긴이)를 생각해보자. 암석,

기념비, 벽 그리고 일반적으로 생명체가 자라리라고는 전혀 생각하지 못한 곳에서 보기에도 지칠 정도로 느려도 아주 느리게 자라는 갈색, 주황색, 노란색 반점은 실제로 매우 밀접한 관계를 맺고 있는 균류와 조류algae 간 공생체다.

균류와 조류는 전혀 다른 특징과 고유명을 지닌 새로운 종을 만들어낼 정도로 그 운명이 끈끈하게 연결되어 있다. 그들은 이러한 합병으로 상호이익을 취한다. 균류는 광합성으로 생성된 조류의 유기 화합물을 사용하고, 조류는 그 대가로 물리적 보호, 무기질과 물을 공급받는다. 게다가 함께 있는 것만으로도 거의 믿기 어려울 정도로 많은 새로운 능력들이 두 공생자에게 보장된다. 그중에서 명백한 사실 중 하나는 불리한 조건에 저항할 능력이 주어진다는 것이다.

균류나 조류는 결코 혼자서는 극한의 조건을 견딜 수 없는 반면 지의류는 번창할 수 있다. 꽃을 생식기관으로 가지고 밑씨가 씨방 안에 들어 있는 현화식물이 두 종뿐인 남극에서는 추위에 대한 저항력 덕분에 다양한 지의류 수

백여 종이 존재한다. 지구상에서 가장 건조한 사막에서는 1년에 수분 몇 밀리리터면 지의류가 생존하기에 충분하다.

게다가 지의류는 상상할 수 있는 것보다 더 위험한 환경, 즉 극한의 열과 위험한 우주방사선cosmic radiation(우주 공간에 기원을 두고 있는, 매우 높은 에너지의 입자로 된 강 투과성 전리방사선 - 옮긴이)으로 인해 치명적인 심우주에서도 견디는 것으로 입증되었다. 2005년 러시아 소유즈 로켓에 실려 궤도로 보내진 두 종의 지의류 리조카르폰 게오그라피쿰*Rhizocarpon geographicum*과 크산토리아 엘레간스*Xanthoria elegans*[3]는 15일 동안 우주 진공에 완전히 노출된 상태에서도 아무 영향을 받지 않고 견뎌냈다.

공생으로 협력한 덕분에 생명체는 그렇지 않았다면 결코 달성할 수 없었을 결실 맺는 법을 배웠다. 식물의 세계에서는 함께 살아가는 이러한 예술이 가장 눈부신 완성을 이룰 수 있다. 수분작용에서 방어에 이르기까지, 스트레스에 대한 저항에서 영양분을 찾는 것에 이르기까지 어떤 연구 분야에서든, 우리의 관심이 머무는 그 어떤 곳에서든 식물은 상호부조의 확실한 거장임을 알 수 있다. 풀이라고는 상상할 수 없이 잎사귀가 큰, 브라질 자생 초본식물 군네라 마니카타*Gunnera manicata*를 살펴보자.

이 식물은 일반적으로 지름이 1.3미터 이상인 잎사귀를 생산할 수 있으며 최대 4미터에 이르는 것도 있다. 이 초본 고질라는 수백만 년 전 아주 작은 박테리아 노스톡*Nostoc*과 유익한 협력을 시작했다.

이 박테리아는 광합성이 가능할 뿐만 아니라 결정적으로 비범한 또 하나의 특징이 있다. 대기의 질소를 고정(질소 고정은 대기 중 질소 분자를 생물이 이용할 수 있는 형태로 바꾸는 것—옮긴이)할 수 있다. 노스톡은 질소 기체 분자N_2를 포착할 수 있으며, 질소고정효소라고 하는 촉매효소를 통해 분자상 질소를 암모니아NH_3로 환원할 수 있고, 차례로 아미노산·단백질·비타민·핵산 같은 중요한 생물학적 분자 생성에 사용될 수 있다.

별로 대단해 보이지 않는다고 할지도 모르지만, 대기 중 질소고정 능력은 아주 복잡한 기술이고 단세포 유기체의 일부 소집단 외에는 자연에서 발견하기 어려운 능력이다. 이러한 미생물들이 인간이 최근에 와서야 해낼 수 있었던 무언가를 한다고 생각해보자.

산업적 규모로 질소를 생산할 수 있는 최초의 고정법은 노르웨이인 크리스티안 비르셸란Kristian Birkeland(1867~1917)과 사무엘 아이데Samuel Eyde(1866~1940)가 협력하여 개발했다. 1903년 그들은 질소를 산소와 반응시키는 데는 성공했지만 여기에는 아주 높은 온도와 엄청난 에너지가 필요했다. 질소 분자는 질소 원자 두 개가 3중 결합을 이루고 있는데, 다른 분자들과 자유롭게 화학 반응이 일어나려면 이 결합을 먼저 끊어야 하는 문제가 있다. 질소의 3중 결합은 매우 강력해서 이를 끊으려면 많은 에너지가 필요하다.

질소고정 능력이 식물과 동물에는 없는 반면, 소수의 박테리아 개체군에서만 발견된다는 사실 때문에 질소고정 박테리아는 식물계에서 식물 여행의 동반자로 인기를 많이 끈다.

이처럼 질소고정 박테리아와 식물을 포함한 공동설립자들의 상호부조 협동조합은 수없이 많다. 식물의 엄청난 성장률을 보장하기 위해 노스톡이 제공하는 질소 공급이 필요한 군네라 외에 더 일반적인 종, 예를 들어 콩과 식물 같은 식물에서도 식물과 질소고정 박테리아 간 공생은 아주 널리 퍼져 있으며, 두 공생자 모두에게 편안한 생활을 보장한다. 질소는 생명의 네 가지 핵심 요소 중 하나(그 외에 탄소, 수소, 산소가 있다)이고 이 요소를 고정시킬 수 있는 파트너에 의지할 수 있다는 것은 많은 식물들에게 강력한 경쟁 우위를 보장한다.

식물은 질소 외에도 토양에서 수많은 다른 영양(성)분을 찾아내야 한다. 일부는 대부분 토양에 상당량 존재하지만, 인과 같은 성분은 식물의 필수 요소임에도 식물이 요구하는 양만큼 이용하기가 무척 어렵다. 이러한 공급 문제는 어떻게 해결할까? 이 경우에도 균근균Mycorrhizal fungi이라는 균류가 약 80퍼센트의 초본종과 수종樹種 뿌리와 밀접하게 공생하는 상호부조 협동조합을 설립해 해결한다. 광합성으로 만든 당분을 수목에서 공급받는 대가로 이 버섯은 식물에 다양한 이점을 보장한다. 이 중에는 아무런 보호를 받지 못하고 땅속에서 자라는 데서 오는 피해와 병원균으로부터 어리고 연약한 뿌리를 보호하는 균류 포장지, 뿌리만 단독으로 있을 때보다 토양의 미네랄 성분(특히 인)을 매우 효율적으로 많이 흡수할 수 있는 표면 흡수력, 수분 스트레스와 염분 스트레스에 대한 더 나은 저항력, 다른 식물들과의 지하 통신체계 등이 있다.

균류와 함께하는 이 같은 상호부조 협동조합이 없는 식물은 상상하기 힘들다. 식물은 동맹과 공동체를 바탕으로 지구상 모든 환경에서 상호부조 사회를 구축하는 협력의 달인이다.

식물들 간에 공생이 흔하다는 사실은 그들이 태어난 곳에서 이동이 불가능하다는 것과 관련이 있을 것이다. 이러한 조건에서 다른 개체들과 생활공간을 공유해야 하므로 안정적이고 협력적인 공동체를 구축하는 것은 불가피하다. 식물은 더 나은 환경이나 동료들을 찾으러 이리저리 돌아다닐 수 없으므로 최대한 이웃과 공존하며 얻는 법을 배워야 한다.

우리는 식물의 관계에서 이러한 공존의 예술을 발견한다. 식물 역시 종종 전투를 벌이기도 하니 그들이 천사라는 의미는 아니다. 하지만 식물의 역사는 환경을 공유하는 다른 유기체들과의 오랜 관계인 것처럼 보인다. 선량한 크로포트킨 공작이 이를 보았다면 의심할 여지 없이 상호부조로 설명했을 것이다.

우리가 비록 눈치채지 못했지만 식물은 인간과도 오래전에 협력 관계를 시작했다. 인간이 작물을 재배하면서부터다. 우리 집, 공원, 채소밭, 들판 등에서 우리를 둘러싼 식물들은 작물화와 함께 우리와 공생으로 정의되는 특별한 협력 관계를 시작한 종이다. 두 종족이 함께 사는 법을 배우고 둘 다 이득을 보는, 오랫동안 지속되어온 관계다.

인간은 곡물을 재배함으로써 식량 문제를 대체로 해결했다. 전 인류가 소비하는 열량의 약 70퍼센트를 곡물에서 얻으니 말이다. 그 대가로 밀, 쌀, 옥수수는 모든 운반체 중 가장 중요하고 효율적인 인간을 통해 지구상 모든 곳으로 확산되었다. 협력은 생명체가 번성하는 힘이며 식물국가는 이를 공동체 성장의 주요 도구로 인정한다.

참고문헌

프롤로그

1. T.W. Crowther et al., *Mapping Tree Density at a Global Scale*, in 《Nature》, 525, 2015, pp. 201-205.

제1조

1. A. Sandberg, E. Drexler, T. Ord, *Dissolving the Fermi Paradox*, 2018, consultabile on line all'indirizzo: https://arxiv.org/abs/1806.02404

2. 나는 태양계에서 퇴출되어 왜소행성으로 추락해 '소행성

134340'으로 공식 명칭이 변경된 명왕성 이야기는 듣고 싶지 않다. 나에게 명왕성은 항상 태양계에서 가장 먼 행성으로 남아 있을 것이다.

3. B. Holmes, *Lifeless Earth: What if everything died out tomorrow?*, in 《NewScientist》, 2936, 2013, pp. 38-41.

4. Y.M. Bar-On, R. Phillips, R. Milo, *The Biomass Distribution on Earth*, in 《PNAS》, 115, 2018, pp. 6506-6511.

5. J. Kruger, D. Dunning, *Unskilled and Unaware of It: How Difficulties in Recognizing One's Own Incompetence Lead to Inflated Self-Assessments*, in 《Journal of Personality and Social Psychology》, 77, 1999, pp. 1121-1134.

6. J.H. Lawton, R.M. May (a cura di), *Extinction Rates*, Oxford University Press, Oxford 1995.

제2조

1. R.C. Stauffer, *Charles Darwin's Natural Selection; being the second part of his big species book written from 1856 to 1858*,

Cambridge University Press, Cambridge 1975.

2. D.M. Lampton, *Public Health and Politics in China"s Past Two Decades*, in 《Health Services Reports》, 87, 1972, pp. 895-904.

3. Mikhail A. Klochko, *Soviet Scientist in Red China*, Hollis & Carter, London 1964.

4. B.C. Patten, *Preliminary Method for Estimating Stability in Plankton*, in 《Science》, 134, 1961, pp. 1010-1011.

제3조

1. L.J. Peter, R. Hull, *The Peter Principle*, William Morrowand Co., New York 1969.

2. A. Benson, D. Li, K. Shue, *Promotions and the Peter Principle*, National Bureau of Economic Research,Working Paper 24343, 2018.

3. C.N. Parkinson, *Parkinson's Law: Or The Pursuit of Progress*, John Murray, London 1958.

4. M. Weber, *Economia e società*, Edizioni di Comunità, Milano 1961.

5. M.G. Marmot, G. Rose, M. Shipley, P.J. Hamilton, *Employment Grade and Coronary Heart Disease in British Civil Servants,* in 《Journal of Epidemiology and Community Health》, 32, 1978, pp. 244-249; M.G. Marmot, G. Davey Smith, S. Stansfield et al., *Health Inequalities Among British Civil Servants: The Whitehall II Study*, in 《Lancet》, 337 (8754), 1991, pp. 1387-1393.

6. M.G. Marmot, Status Syndrome. *A Challenge to Medicine*, in 《Jama》, 295, 2006, pp. 1304-1307.

7. S. Milgram, *Behavioral Study of Obedience*, in 《Journal of Abnormal and Social Psychology》, 67, 1963, pp. 371-378.

8. S. Milgram, *Obedience to Authority: An Experimental View*, Tavistock Publications, London 1974.

9. F. Hallé, *Un jardin après la pluie*, Armand Colin, Paris 2013.

10. 초생명사회]holocracy(사회 전체가 생명 현상을 갖게 되는 것-옮긴이)

혹은 틸 조직teal organization(기업의 경영자가 의사 결정에 관한 권한과 책임의 대부분을 경영자나 관리자로부터 개별 직원에게 양도함으로써 조직과 인력에 혁신적인 변화를 일으키는 조직-옮긴이)과 같은 조직 모델들 참조.

제4조

1. S. Bonhommeau, L. Dubroca, O. Le Pape, J. Barde, D.M. Kaplan, E. Chassot, A.-E. Nieblas, *Eating up the World's Food Web and the Human Trophic Level*, in 《PNAS》, 110 (51), 2013, 20617-20620.

2. P.D. Roopnarine, *Humans Are Apex Predators*, in 《PNAS》, 111 (9), 2014, E796.

3. Ch.T. Darimont, C.H. Fox, H.M. Bryan, T.E. Reimchen, *The Unique Ecology of Human Predators*, in 《Science》, 349, 2015, pp. 858-860.

4. S. Mancuso, *L'incredibile viaggio delle piante*(국내도서명 : 《식물, 세계를 모험하다》, 더숲, 2020년 출간), Laterza, Bari-Roma 2018.

5. D.M. Raup, J.J. Sepkoski Jr., *Periodicity of Extinctions in the Geologic Past*, in 《PNAS》, 81 (3), 1984, pp. 801-805.

6. R.A. Rohde, R.A. Muller, *Cycles in Fossil Diversity*, in 《Nature》, 434, 2005, pp. 208-210.

7. M. Gillman, H. Erenler, *The Galactic Cycle of Extinction*, in 《International Journal of Astrobiology》, 7, 2008, pp. 17-26.

8. D.M. Raup, J.J. Sepkoski Jr., *Mass Extinctions in the Marine Fossil Record*, in 《Science》, 215, 1982, pp. 1501-1503.

9. J.M. De Vos, L.N. Joppa, J.L. Gittleman, P.R. Stephens, S.L. Pimm, *Estimating the Normal Background Rate of Species Extinction*, in 《Conservation Biology》, 29, 2014, pp.452-462.

10. W.J. Ripple, C. Wolf, T.M. Newsome, M. Galetti, M. Alamgir, E. Crist, M.I. Mahmoud, W.F. Laurance, *World Scientists' Warning to Humanity: A Second Notice*, in 《BioScience》, 67, 2017, pp. 1026-1028.

11. G. Ceballos, P.R. Ehrlich, R. Dirzo, *Biological Annihilation*

Via the Ongoing Sixth Mass Extinction Signaled by Vertebrate Population Losses and Declines, in 《PNAS》, 114, 2017, E6089-E6096.

제5조

1. K.H. Nealson, P.G. Conrad, *Life: Past, Present and Future*, in 《Philos. Trans. R. Soc. Lond., B, Biol. Sci.》, 354, 1999, pp. 1923-1939.

2. Energy Information Administration, U.S. Department of Energy, *World Consumption of Primary Energy by Energy Type and Selected Country Groups*, 1980-2004, Report 31 July 2006.

3. P. Levi, *Il sistema periodico*, Einaudi, Torino 2014, p. 214.

4. C.B. Field, M.J. Behrenfeld, J.T. Randerson, P. Falkowski, *Primary Production of the Biosphere: Integrating Terrestrial and Oceanic Components*, in 《Science》, 281, 1998, pp. 237-240.

5. T. Eggleton, *A Short Introduction to Climate Change*, Cambridge University Press, Cambridge 2013.

6. G.L. Foster, D.L. Royer, D.J. Lunt, *Future Climate Forcing Potentially Without Precedent in the Last 420 Million Years*, in 《Nature Communications》, 8 (14845), 2017.

7. Y. Cui, B. Schubert, *Atmospheric pco2 Reconstructed Across Five Early Eocene Global Warming Events*, in 《Earth and Planetary Science Letters》, 478, 2017, pp. 225-233.

제6조

1. 지구 생태용량 초과의 날Earth Overshoot Day은 스위스와 미국에 소재지를 둔 국제 비영리 환경단체인 국제생태발자국네트워크Global Footprint Network에서 매년 계산한다.

2. D.H. Meadows, D.L. Meadows, J. Randers, W.W. Behrens Ⅲ, *The Limits to Growth, Potomac Associates Books*, Washington (DC) 1972.

3. C.J. Campbell, J.H. Laherrère, *The End of Cheap Oil*, in

《Scientific American》, 278 (3), 1998, pp. 78-83.

4. U. Bardi, M. Pagani, *Peak Minerals*, 2007, 참고할 수 있는 링크 주소: http://www.theoildrum.com// node//3086

5. U. Bardi, L. Yaxley, *How General Is the Hubbert Curve? The Case of Fisheries*, 2005, 참고할 수 있는 링크 주소: https:// pdfs.semanticscholar.org/c626/95e0e63565d4dabe76ffcfa65 bbc3173b3c1.pdf

6. Alicia Valero, Antonio Valero, *Physical Geonomics: Combining the Exergy and Hubbert Peak Analysis for Predicting Mineral Resources Depletion*, in 《Resources, Conservation and Recycling》, 54, 2010, pp. 1074-1083.

7. D.W. Pearce, *The Economic Value of Forest Ecosystems*, in 《Ecosystem Health》, 7 (4), 2001, pp. 284-296 e anche G.R. van der Werf, D.C. Morton, R.S. DeFries, J.G.J. Olivier, P.S. Kasibhatla, R.B. Jackson, G.J. Collatz, J.T. Randerson, CO2 Emissions from Forest Loss, in 《Nature Geoscience》, 2, 2009, pp. 737-738.

8. J.A. Foley, R. DeFries, G.P. Asner, C. Barford et al., *Global Consequences of Land Use*, in 《Science》, 309, 2005, pp. 570-574.

9. R. Dirzo, H.S. Young, M. Galetti, G. Ceballos, N.J.B. Isaac, B. Collen, *Defaunation in the Anthropocene*, in 《Science》, 345, 2014, pp. 401-406.

10. 예를 들자면, G. Turner, *A Comparison of《The Limits to Growth》with 30 Years of Reality*, in 《Global Environmental Change》, 18 (3), 2008, pp. 397-411.

제7조

1. S. Mancuso, *Plant Revolution. Le piante hanno già inventato il nostro futuro*(국내도서명 :《식물 혁명 :인류의 미래, 식물이 답이다》, 동아엠엔비, 2019년 출간), Giunti, Florence 2017.

2. *Climate Change 2014: Synthesis Report*, Contribution of Working Groups i, ii and iii to the Fifth Assessment Report of the Intergovernmental Panel on Climate Change, a cura

del Core Writing Team e di R.K. Pachauri e L.A. Meyer, ipcc, Geneva 2014, pp.151.

3. S.M. Hsiang, M. Burke, E. Miguel, *Quantifying the Influence of Climate on Human Conflict*, in 《Science》, 341 (6151), 2013.

4. *Glossary on Migration*, International Migration Law, 25, second ed., iom, Geneva 2011, 참고할 수 있는 링크 주소: https://publications.iom.int/system/files/pdf/iml25_1.pdf

5. EU-LIFE ASAP (Alien Species Awareness Program-옮긴이) 프로젝트 결과

6. J. Peñuelas, R. Ogaya, M. Boada, A.S. Jump, *Migration, Invasion and Decline: Changes in Recruitment and Forest Structure in a WarmingLinked Shift in European Beech Forest in Catalonia (NE Spain)*, in 《Ecography》, 30, 2007, pp. 829-837.

7. L. Kullman, *Rapid Recent RangeMargin Rise of Tree and Shrub Species in the Swedish Scandes*, in 《Journal of Ecology》,

90, 2002, pp. 68-77.

제8조

1. T.H. Huxley, *Struggle for Existence and Its Bearing on Man, in Id., Collected Essays, vol. ix, Government: Anarchy or Regimentation*, Appleton, New York 1888, p. 195.

2. L. Sagan, *On the Origin of Mitosing Cells*, in 《Journal of Theoretical Biology》, 14, 1967, pp. 225-274.

3. L.G. Sancho *et al., Lichens Survive in Space: Results from the 2005 lichens Experiment*, in 《Astrobiology》, 7, 2007, pp. 443-454.

식물, 국가를 선언하다

1판 1쇄 인쇄 2023년 3월 17일
1판 1쇄 발행 2023년 3월 25일

지은이 스테파노 만쿠소
옮긴이 임희연
감수자 신혜우

발행인 김기중
주간 신선영
편집 백수연, 민성원, 이상희
마케팅 김신정, 김보미
경영지원 홍운선

펴낸곳 도서출판 더숲
주소 서울시 마포구 동교로 43-1 (04018)
전화 02-3141-8301~2
팩스 02-3141-8303
이메일 info@theforestbook.co.kr
페이스북·인스타그램 @theforestbook
출판신고 2009년 3월 30일 제2009-000062호

ISBN 979-11-92444-42-0 (03480)